The Basis of Design with Flash

数字软件实践系列

Flash 设计基础

向玫玫 林 强 马 杰
薛雅娟 王亚冰 编著

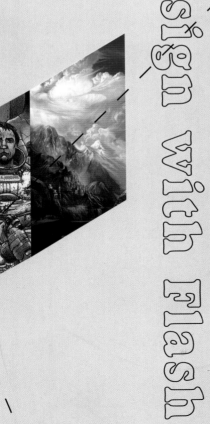

图书在版编目（ＣＩＰ）数据

flash设计基础 / 向玟玟等编著． —— 沈阳：辽宁美
术出版社，2014.5
　　（数字软件实践系列）
　　ISBN 978-7-5314-6069-5

　　Ⅰ．①f…　Ⅱ．①向…　Ⅲ．①动画制作软件—教材
Ⅳ．①TP391.41

　　中国版本图书馆CIP数据核字（2014）第084147号

出 版 者：辽宁美术出版社
地　　址：沈阳市和平区民族北街29号　邮编：110001
发 行 者：辽宁美术出版社
印 刷 者：辽宁彩色图文印刷有限公司
开　　本：889mm×1194mm　1/16
印　　张：8
字　　数：210千字
出版时间：2014年5月第1版
印刷时间：2014年5月第1次印刷
责任编辑：苍晓东　李　彤
封面设计：范文南　洪小冬　苍晓东
版式设计：彭伟哲　薛冰焰　吴　烨　高　桐
技术编辑：鲁　浪
责任校对：李　昂
ISBN 978-7-5314-6069-5
定　　价：59.00元

邮购部电话：024-83833008
E-mail：lnmscbs@163.com
http://www.lnmscbs.com
图书如有印装质量问题请与出版部联系调换
出版部电话：024-23835227

序 >>

当我们把美术院校所进行的美术教育当做当代文化景观的一部分时，就不难发现，美术教育如果也能呈现或继续保持良性发展的话，则非要"约束"和"开放"并行不可。所谓约束，指的是从经典出发再造经典，而不是一味地兼收并蓄；开放，则意味着学习研究所必须具备的眼界和姿态。这看似矛盾的两面，其实一起推动着我们的美术教育向着良性和深入演化发展。这里，我们所说的美术教育其实有两个方面的含义：其一，技能的承袭和创造，这可以说是我国现有的教育体制和教学内容的主要部分；其二，则是建立在美学意义上对所谓艺术人生的把握和度量，在学习艺术的规律性技能的同时获得思维的解放，在思维解放的同时求得空前的创造力。由于众所周知的原因，我们的教育往往以前者为主，这并没有错，只是我们更需要做的一方面是将技能性课程进行系统化、当代化的转换；另一方面需要将艺术思维、设计理念等这些由"虚"而"实"体现艺术教育的精髓的东西，融入我们的日常教学和艺术体验之中。

在本套丛书实施以前，出于对美术教育和学生负责的考虑，我们做了一些调查，从中发现，那些内容简单、资料匮乏的图书与少量新颖但专业却难成系统的图书共同占据了学生的阅读视野。而且有意思的是，同一个教师在同一个专业所上的同一门课中，所选用的教材也是五花八门、良莠不齐，由于教师的教学意图难以通过书面教材得以彻底贯彻，因而直接影响到教学质量。

学生的审美和艺术观还没有成熟，再加上缺少统一的专业教材引导，上述情况就很难避免。正是在这个背景下，我们在坚持遵循中国传统基础教育与内涵和训练好扎实绘画（当然也包括设计摄影）基本功的同时，向国外先进国家学习借鉴科学的并且灵活的教学方法、教学理念以及对专业学科深入而精微的研究态度，辽宁美术出版社会同全国各院校组织专家学者和富有教学经验的精英教师联合编撰出版了《21世纪中国高职高专美术·艺术设计专业精品课程规划教材》。教材是无度当中的"度"，也是各位专家长年艺术实践和教学经验所凝聚而成的"闪光点"，从这个"点"出发，相信受益者可以到达他们想要抵达的地方。规范性、专业性、前瞻性的教材能起到指路的作用，能使使用者不浪费精力，直取所需要的艺术核心。从这个意义上说，这套教材在国内还是具有填补空白的意义。

21世纪中国高职高专美术·艺术设计专业精品课程规划教材系列丛书编委会

目录 contents

第一章 认识Flash

一、本章重点
一、对工作界面各部分的熟悉
二、影片的发布以及发布设置

一、学习目标
要求读者熟悉Flash的操作界面和Flash动画的发布和设置。通过本章的学习，读者可以对Flash的基础知识有所了解，为以后的动画学习打下基础。

一、建议学时
3学时。

第一章　认识Flash

第一节 ///// Flash的应用领域

　　Macromedia公司开发的Flash软件在网页矢量动画设计领域内占有重要的地位。Flash以矢量图像为基础，被广泛应用到网络广告、二维动画制作、游戏制作、各种电子贺卡、产品宣传片、视频文件制作等新兴艺术环境中的多媒体制作中。它赋予网络、动画无限的生命力。

第二节 ///// Flash的特点

　　Flash软件和其他软件相比较，以最简单的方法制作出复杂多变的动画，以最小的容量制作出最优秀的效果，因此受到业界人士的青睐。Flash具有以下几个特点。

一、操作简单、易学

　　Flash学习起来非常简单，它是通过帧来组织动画，在制作动画时，只要将某段动画的第一帧和最后一帧制作出来，在这两帧之间的移动、旋转、变形、颜色的渐变，都可以通过简单的设置来实现，使得在最短的时间内完成最优秀的作品。

二、动画文件的数据量小

　　在网络上下载一个含有几个场景的Flash动画文件只需要几分钟的时间，这是因为Flash的图形是以矢量图呈现的，在Flash中绘制的图形都是矢量图，矢量技术只需要存储少量的矢量数据，就可以描绘看起来相对复杂的对象，因此其占用的空间比位图占用的空间要少得多。

三、具有强大的交互功能

　　Flash强大的交互功能是Flash的最大特点。Flash是通过ActionScript与用户进行交互。用户可以通过ActionScript给动画添加按钮、下拉菜单和滚动条等各种交互行为，还可以通过Flash实现游戏的设计，这为Flash扩展了广阔的空间。即使没有编程的基础知识，也可以设置大部分的动作。ActionScript与HTML、ASP、JSP、Jave等其他程序语言相结合使用，不仅可以控制媒体的播放，还可以支持应用于电子商务中的表单交互，使网站内容更丰富，功能更强大。

四、兼容性强

　　Flash不仅具有较强的兼容性，可以和其他软件结合使用共同完成复杂的作品，它和网页三剑客就可以相互兼容，相互支持配合使用创造出优秀的作品。Flash还可以合成视频文件进行非线性编辑，其他视频文件、音频文件也可以导入到Flash中。

五、流媒体播放方式

　　Flash播放器采用的是流媒体技术，因此能实现流式传输，将声音、影像或动画由服务器向用户计算机进行连续、不间断传输，不用等文件全部下载后观看，而是可以边下载边播放，只需要经过几秒或几十秒的延迟时间就可以进行观看。而传统的网络传输视频、音频是完全下载后才能播放，下载的时间长达几分钟或数小时。

第三节 ///// Flash的安装和卸载

Flash的安装方法比较标准，在开始学习Flash软件的具体功能之前我们先来了解Flash的安装和卸载。

一、安装步骤

1.将光盘放入光驱，自动进入安装界面，或者打开安装光盘的文件，找到setup.exe文件并双击，然后点击"下一步"按钮。如图1-1所示。

2.弹出版权声明对话框，选择"我接受该许可证协议中的条款"单选按钮，单击"下一步"按钮。如图1-2所示。

3.系统将在接下来弹出的对话框中显示默认的安装路径，如果想改变路径，则在单击"更改"按钮后，指定想要安装的路径，再单击"下一步"按钮。

如图1-3所示。

4.在对话框中单击"下一步"按钮。如图1-4所示。

5.弹出如图所示的对话框。如果要修改刚才的设置，则单击"上一步"按钮，如果要继续安装过程，则单击"安装"按钮。如图1-5所示。

6.进入Flash正在安装的界面。如图1-6所示。

7.安装完成后，单击"完成"按钮结束安装。如图1-7所示。

8.安装完成后，就可以启动Flash来体会它的功能了。单击"开始"然后在"程序"中找到Flash并单击启动。如图1-8所示。

二、卸载步骤

Flash的卸载和其他大多数软件一样，卸载的具体

图1-1

图1-2

图1-3

图1-4

图1-5

图1-6

图1-7

图1-8

图1-9

操作如下：

1.选择"开始/设置/控制面板"命令，打开"控制面板"窗口。如图1-9所示。

2.双击"添加或删除程序"选项，打开"添加或删除程序"对话框，在"当前安装的程序"下拉列表中，选择Flash选项，单击"删除"按钮。如图1-10所示。

图1-10

第四节 ///// Flash的工作界面介绍

一、工作界面总体概况

当建立一个新文件或者打开一个文件后，进入Flash的编辑界面，界面共分为七个部分：标题栏、菜单栏、工具栏、时间轴面板、舞台和工作区、属性面板及滤镜选项卡。如图1-11所示。

二、工作界面各部分介绍

1.标题栏

标题栏位于界面的顶部，在标题栏左端显示软件版本及正在编辑的文件名称，标题栏右侧有控制窗口大小及关闭窗口的"最小化"、"最大化/还原"和"关闭"按钮。在"保存"文件时要改一个有意义的文件名称。

2.菜单栏

和其他软件一样，Flash也有菜单栏，菜单栏位于标题栏的下方，它是由"文件"、"编辑"、"视图"、"插入"、"修改"、"文本"、"命令"、"控制"、"窗口"和"帮助"10个主菜单构成。每个主菜单下都包含子菜单，有些子菜单下还包含有下一级菜单。

3.工具栏

工具栏位于Flash工作界面的左侧，它包括绘图工具、视图工具、颜色工具和辅助选项工具，其中绘图工具包括10多个常用的绘图项目。如图1-12所示。

在进行文件编辑时为了工作显示区域更大，可以把工具栏隐藏起来，选择"窗口"、"工具"命令就可以隐藏工具栏；如果要让其显示，再选择该命令即可显示。同时用户还可以根据自己的需要设置所需工具按钮，方法是：选择"编辑"、"自定义工具面板"命令，弹出"自定义工具栏"。

4.时间轴面板

时间轴面板分为两部分，一部分是图层区，一部分是帧控制区。时间轴面板用于组织和控制文档内容在一定时间内播放的图层数和帧数。Flash中有普通层、引导层、遮罩层、被遮罩层4种图层类型，为了便于图层的管理，用户还可以使用图层文件夹来整理图层。

可以通过图层设置元件的舞台上的前后关系。"时间轴"面板如图1-13所示。

在帧控制区，每个图层的帧根据设定的不同可以有很多种形式，每一种形式都代表着此图层所有元件的动作和行为。同时为方便用户把握影片创造的整体脉络和具体细节，帧显示形式上，分别设置了很小、小、标准、中等、大、较短、彩色显示帧、预览和关联预览等几种显示形式，用户可以根据自己的需要进行选择。如图1-14所示。

5.舞台和工作区

"舞台"和"工作区"处于"时间轴"面板的下方。元件所有的动作都要通过"舞台"来展现，"舞台"是进行动画创作的区域。用户可以在"舞台"中直接绘制图形，也可以在"舞台"中放入导入的图像（如图1-15所示是导入的jpg位图）。

"舞台"的显示比例是可以根据需要改变的。可以在"时间轴"右上角的"显示比例"中设置显示比例，最小比例为8%，最大比例为2000%，在下拉菜单中有三个选项，"符合窗口大小"选项用来自动调节到最合适的"舞台"比例大小；"显示帧"选项可以显示当前帧的内容；"全部显示"选项能显示整个工

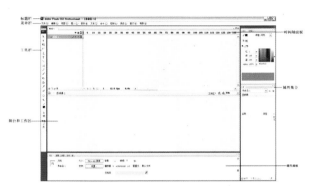

图1-11

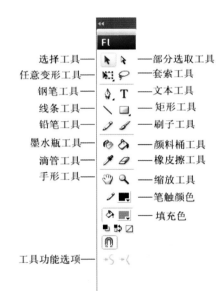

图1-12

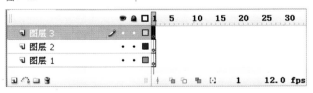

图1-13

图1-14

作区中包括在"舞台"之外的元素。如图1-16所示。

选择工具栏中的"手形工具",在"舞台"上单击可放大或缩放"舞台"的显示;选择"缩放工具"后,在工具箱的"选项"下会显示出两个按钮,分别为"放大"和"缩小",分别单击它们可在"放大视图工具"与"缩小视图工具"之间切换,选择"缩放工具"后,按住键盘上的Alt键,单击"舞台",可快捷缩小视图,还可以通过快捷方式"Ctrl"+"+"号和"Ctrl"+"-"号来放大和缩小"舞台"。

6."属性"面板

使用"属性"面板可以很容易地设置"舞台"或"时间轴"上当前选定对象的最常用属性,从而加快了Flash文档的创建过程。如图1-17所示。

当选定对象不同时,"属性"面板中会出现不同的设置参数,针对此面板的使用在后面的章节里会陆续介绍。

7."滤镜"选项卡

Flash8新增了功能,从而大大增强了其设计方面

图1-15　　　　　　　　　　图1-16

图1-17　"属性"面板

图1-18　"滤镜"选项卡

的能力。这项新特性对制作Flash动画产生了便利和巨大影响。它们几乎颠覆了长期以来,对Flash设计能力欠缺的固有偏见,使大家不得不对其刮目相看。默认情况下,"滤镜"面板和"属性"面板、"参数"面板组成一个面板组如图1-18所示所示。针对此面板的使用在后面的章节里会详细介绍。

第五节 ///// 关于影片测试和发布设置

一、影片优化

Flash影片文件的大小直接影响到它在网络上的上传和下载的时间以及传播的速度。因此在发布影片前应该对动画文件进行优化处理,减小文件的大小。

1.影片优化原则

(1)对影片中多次出现的对象,要使用元件。

(2)在可能的情况下,尽可能地使用补间动画,避免使用逐帧动画。因为补间动画与在动画中增加一系列不必要的帧相比,会大大减小影片的数据量。

(3)避免使用位图作为影片的背景。

(4)尽量使用组合元素,使用层组织不同时间、不同元素的对象。

(5)绘图时用铅笔工具绘制出的线条要比刷子工具小。

(6)限制特殊线条的出现,如虚线、折线等。使用"修改/优化"命令优化曲线。

(7)在影片中音乐尽量采用mp3格式。

(8)减少渐变色和Alpha透明度的使用。

2.优化字体和文字

（1）在使用各种字体时，时常会出现乱码或字迹模糊的现象。这种情况可以使用系统默认的字体来解决，而且使用系统默认字体可以得到更小的文件容量。

（2）在Flash影片制作过程中，应该尽可能少使用字体种类，尽量使用相同的颜色和字号。

（3）尽量避免把字体打散，因为图形比文字占的空间要大。

3.优化图形颜色

在使用绘图工具绘制图形时，使用渐变颜色的图形文件量要比使用单色的图形文件量大，所以在制作影片时应该尽量地使用单色。

对于外部调用的矢量图形，最好是在分解状态下使用，执行"修改/形状/优化"命令之后再使用，这样可以优化矢量图形中的曲线，同时删除一些多余的曲线来减小文件的数据。

二、影片测试

为了测试在影片下载中可能出现的停顿，可以利用"宽带设置"查看传送性能，具体操作如下：

（1）在影片编辑窗口中，选择"控制/测试影片"或"控制/测试场景"命令。

（2）在打开的测试播放窗口中，选择"视图/下载设置"下的命令。如果要输入自己的设置，可以选择"下载设置/自定义"命令，打开"自定义下载设置"的对话框。

（3）为了检查可能出现的停顿情况，可以选择"视图/宽带设置"命令，显示带宽检测图。

（4）关闭检测窗口，就可以回到编辑窗口了。

三、影片发布

在测试了Flash影片无误后，就可以将影片发布了。在默认的情况下，"发布"命令可以创建Flash SWF文件，并将Flash影片插入浏览器窗口中的HTML文档。除了可以发布ＳＷＦ格式外，还可以发布成其他的格式，如GIF、PNG、QuickTime等。

在发布之前，选择"文件/发布设置"命令，打开"发布设置"对话框。

1.快速输出影片文件

（1）输出影片文件，"选择/导出/导出影片"命令。

（2）在对话框中输出的影片命名，同时确定"保存类型"为"Flash Movie（*.swf）"，单击"保存"按钮。

（3）在"导出Flash Player"对话框中，按照默认设置，单击"确定"按钮，影片就成功输出了。

2.通过"设置发布"命令输出动画

打开"发布设置"对话框，单击"Flash"选项卡进入Flash发布设置选项中，会看到相应的设置项目。

（1）加载顺序：用来设置Flash加载影片个层以显示影片第1帧的顺序，由下而上或由上而下控制着Flash在速度较慢的网络上显示顺序。如图1-19所示。

（2）生成大小报告：如果勾选该复选框，最终影片的数据量生成一个报告，它与输出的影片同名，只是以txt为扩展名。

（3）防止导入：可以防止其他导入影片并将它转换回Flash的FLA文件。

（4）省略trace动作：忽略当前影片的跟踪动作，来自跟踪动作的信息不会显示在"输出"窗口中。

（5）允许调试：激活调试器，并允许远程调试影片。

（6）压缩影片：可以压缩影片，以此来减小文件的大小，缩短下载的时间。

（7）密码：勾选"允许调试"复选框后，在密码

图1-19   图1-20   图1-21   图1-22   图1-23

文本框中输入密码，防止未授权用户调试影片。

（8）JPEG品质：图像品质越低，生成的文件越小，反之则越大。

（9）音频流/音频事件：对影片中所有的音频流或事件声音设置采样率的压缩。单击右侧的"设置"按钮，打开"声音设置"对话框。

（10）本地回放安全性：设置只访问本地文件或网络。

3.发布图形文件

Flash在发布图形文件中可以发布多种格式的图形文件，如GIF格式、JPEG格式和PNG格式。具体操作如下。

（1）选择"文件/发布设置"命令，打开"发布设置"对话框如图：可以看到有GIF图像、JPEG图像、PNG图像的选项，勾选你所需要的选项。

（2）当勾选了GIF图像或JPEG图像或PNG图像，就会在"发布设置"对话框中新增加一个和这些图像相对应的选项卡。如图1-20所示。

（3）点击相应的标签，打开选项卡进行相关的属性设置。如图1-21所示。

4.发布html文件

发布成html文件格式主要是用于网站的一种格式，在发布之前，选择"文件/发布设置"命令，打开"发布设置"对话框，勾选html复选框。打开html选项卡，根据需要对选项卡里的属性进行设置。如图1-22所示。

5.发布QuickTime文件

Flash在创建一个QuickTime文件时，是把Flash影片复制到一个独立的轨道上。

（1）选择"文件/发布设置"命令，打开"发布设置"对话框，勾选QuickTime复选框，单击后面的文件夹，在打开的对话框中设置属性和名称。

（2）打开QuickTime选项卡，根据需要对选项卡里的属性进行设置。如图1-23所示。

[复习参考题]

◎ 练习Flash的各种界面的操作。

◎ 熟悉各类影片的发布设置。

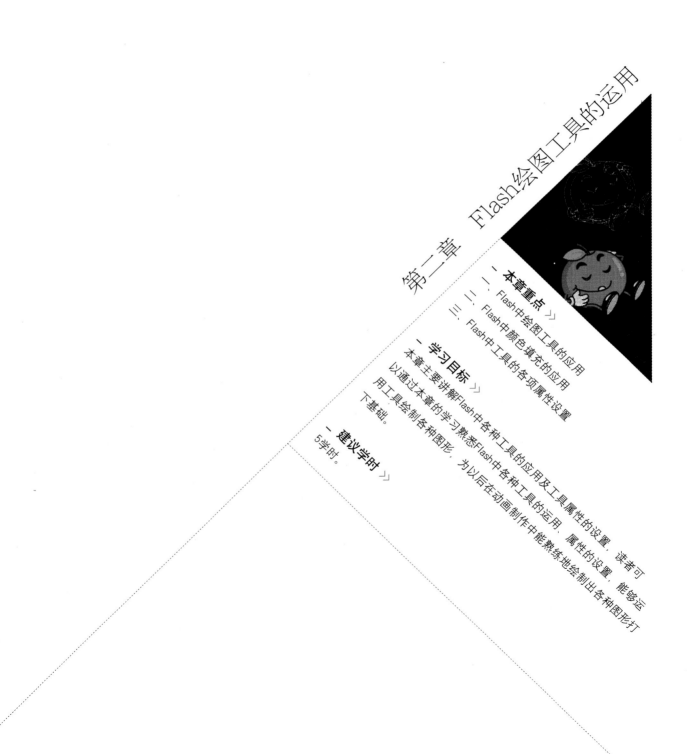

第二章 Flash绘图工具的运用

一、本章重点 》

一、Flash中绘图工具的应用
二、Flash中颜色填充的应用
三、Flash中工具的各项属性设置

一、学习目标 》

本章主要讲解Flash中各种工具的应用及工具属性的设置、属性的设置，能够运用工具绘制各种图形，为以后在动画制作中能熟练地绘制出各种图形打下基础。

以通过本章的学习熟悉Flash中各种工具的运用。

一、建议学时 》

5学时。

第二章　Flash绘图工具的运用

第一节 ///// 工具栏简介

工具栏位于工作界面的左边，它是Flash最基本、最常用的面板。工具栏由"工具"、"查看"、"颜色"和"选项"4个部分组成。如图2-1所示。

下面介绍一下这个部分的主要功能。

1."工具"部分包括绘图工具、选择工具和填充工具等。如图2-2所示。

2."查看"部分包括缩放和手形工具，用来调整画面显示的大小。如图2-3所示。

3."颜色"部分包括设置线条和填充的颜色。如图2-4所示。

4."选项"部分包括显示工具的属性和选项，当我们在"工具"区中选择某个工具时，在"选项"区可以设置该工具的一些辅助选项。如图2-5所示。

接下来我们对常用的一些工具进行简单讲解。

> 提示：绘制基本图形，利用直线、椭圆、矩形工具；绘制自由的线条或图形，利用铅笔工具；绘制精确的直线或曲线，利用钢笔工具；表现绘图效果，利用刷子工具。

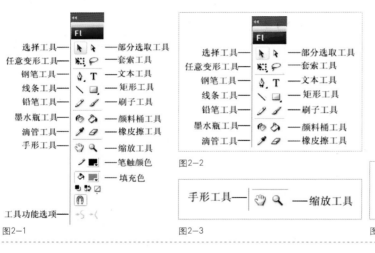

第二节 ///// 线条工具和铅笔工具

一、线条工具的使用

用鼠标在工具栏中单击线条工具，然后移到操作界面中，按下鼠标左键，并从起点拖到终点。如果绘制的是水平或者垂直线段，那么光标所在即出现一个圆形标价。如图2-6所示。

如果在绘制过程中按住Flash键，按水平方向拖动鼠标，可以绘制水平直线；按垂直方向拖动鼠标，可以绘制垂直直线；向左上角或右下角拖动鼠标，可以绘制45°倾斜的直线。如图2-7所示。

选择工具栏中的线条工具，工具栏下方的选项区显示工具的选项。

1.设置直线的样式

单击工具栏中的线条工具，在"属性"面板中出现多项属性可供选择，如图2-8所示。单击笔触样式下拉列表，可以选择需要的直线样式。

单击属性面板中的"自定义"按钮，打开"笔触样式"对话框。单击"类型"下拉列表按钮后，列表中显示几种不同的类型，如实线、点状线、锯齿线等。选择不同的类型，该类型下的设置参数也各不相同。如图2-9所示。

2．设置直线的粗细

默认情况下，笔触的高度是1像素，即绘制出的直线是1像素的直线。如果要设置直线的宽度，可以通过该工具属性面板的笔触高度进行设置。如图2-10所示。

3．设置直线的颜色

在Flash中可以用两种方式来设置直线的颜色。

方法1：使用属性面板

选择工具栏中的线条工具，在工作区出现工具的属性面板。单击笔触颜色按钮，打开颜色面板，只需要将鼠标指针移动到所需的颜色，单击鼠标就可以将所选择的颜色设置为当前色。如图2-11所示。

方法2：使用工具栏中的笔触颜色按钮

设置线条最简单的方法是单击工具栏中的笔触颜色按钮。如图2-12所示。

> 提示：在这个面板中显示的是系统定义的216种网络安全色，即能在网络上播放的颜色。还可以通过面板中右上角的按钮 颜色 × 样本 ，打开"颜色"对话框，从中选择更多的颜色。

二、铅笔工具的使用和选项的设置

选择铅笔工具 ✐，工作区下方显示铅笔工具的属性面板。在该属性面板中可以设置铅笔绘制的线条的颜色、宽度和样式等，设置方法与线条工具的设置方法基本相同。"铅笔"工具有3种绘画模式：直线化、平滑和墨水，可以在"选项"区中选择所需的绘画模式。如

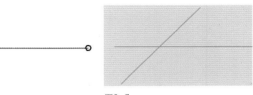

图2-6　　　　　　　　图2-7

图2-8

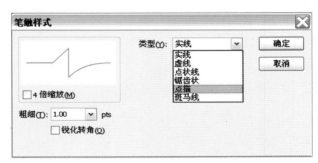

图2-9

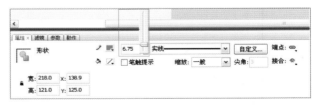

图2-10

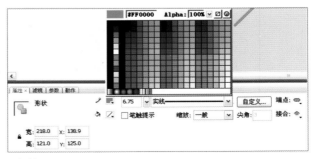

图2-11

图2-13所示。

直线化：用于绘制直线，并可接近于三角形、椭圆、矩形和正方形的形状转换，为常见几何开关。

平滑：用于绘制较为平滑的曲线，减少抖动造成的误差。

墨水：接近手绘效果，可以绘制任意线条。

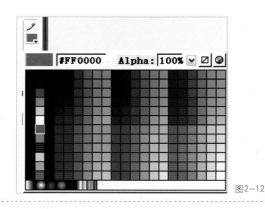

图2-12

图2-13

第三节 ///// 选择工具和套索工具

选择工具中有两种选择工具，它们是选择工具和套索工具。选择工具用于选择或移动直线、图形、元件等一个或多个对象，也可以拖动一些未选定的直线、图形、端点或拐角来改变直线或图形的形状。

图2-14

选择工具栏中的选择工具，在工具栏下方的选项区会显示选择工具的选项。如图2-14所示。

提示：在使用其他工具时，可以通过按Ctrl键切换到选择工具。

一、选择工具的选项

当选定选择工具时，有3个选项出现在工具栏的选项区中，分别是：

贴紧至对象，可进入吸附状态，方便对象的定位。设置沿路径动画时，可使对象自动吸附到运动路径上。

平滑，可使选择的曲线或图形轮廓线趋于平滑，多次单击具有累加效果。

伸直，可使选择的曲线或图形轮廓线趋于平直，多次单击具有累加效果。

提示："贴紧至对象"按钮的精确度可以通过"网格"对话框来设置。选择"视图／网格／编辑网格"命令，打开"网格"对话框，通过调整像素值来改变"贴紧至对象"按钮的精度。

二、选择工具的使用

当使用选择工具单击线条或图形时，线条或图形呈现网络状，表示被选中。

1.利用选择工具选择对象

选择边线：单击对象的边线部位，只能选择一条边线，双击可以选择所有边线。如图2-15所示。

选择填充：单击对象的填充色，只有填充被选择，双击可以同时将边线和填充同时选择。如图2-16所示。

2.图形对象的移动特征

边线和填充可以分离：利用选择工具双击边线并进行移动。如图2-17所示。

图形的边线可以分割填充：利用选择工具选择左侧的图形并移动。如图2-18所示。

交叉绘制对象时被遮盖的部分将会被删除。如图2-19所示。

> 提示：取消群组的方法为，选择"修改／取消组合"命令或使用Ctrl+Shift+G快捷键。移动群组对象，不分边线和填充；多个群组对象重叠，不会受影响；许多个群组对象再次群组为一个群组对象。

> 注意：当用选择工具改变线条的轮廓形状时，在试图改变形状之前先确定该线条没有被选中，否则只能移动对象而不能改变形状。

3.用选择工具复制对象

将对象选中后，按住Alt键进行移动，可以复制对象。如图2-20所示。

三、套索工具的使用和选项设置

套索工具用于选择图形中不规则的形状区域，被选定的区域可以作为一个单独的对象进行移动、旋转或变形。

套索工具的使用很简单，单击工具栏中的套索工具 ，在工作区围绕要选择的区域拖动鼠标即可。

选择工具栏中的套索工具，在工具栏下面的选项区显示3个选项按钮。如图2-21所示，分别是：

1."魔术棒" 按钮：可选择分离后位图图像中颜色相同的部分。

2."魔术棒设置" 按钮：会弹出"魔术棒设置"对话框，如图2-22所示。在"阀值"文本框中可设置相邻像素的颜色接近程度，数值越大，选择的颜色范围越广。在"平滑"下拉列表中可定义所选区域或轮廓的平滑程度。

3."多边形模式" 按钮：可创建多边形的选择区域。如图2-23所示。

图2-15

图2-16

图2-17   图2-18

图2-19

> 提示：当套索工具的多边形模式处于关闭状态，即套索工具处于自由模式下，选择选取范围时，按住Alt键可以暂时切换到多边形模式

下，此时的选取状态与多边形模式的选取状态相同。如果选取完成后，释放Alt键，释放鼠标就可以封闭选择区域。

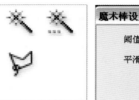

图2—21　　　　　　　　　图2—22

图2—20

图2—23

注意：在使用多边形模式选取区域时，如果没有封闭区域，双击鼠标可以用一条直线将当前位置与起始点连接，封闭选取范围。

第四节 ////// 椭圆工具和矩形工具

　　椭圆工具和矩形工具的使用同线条工具的使用方法类似，选择工具栏中的工具按钮后，在工作区中按下鼠标左键并拖动鼠标就可以绘制出需要的图形。如果按住"shift"键的同时拖动，则可以创建正圆。

一、设置椭圆工具的属性

　　选择工具栏中的椭圆工具后，在工作区下方显示椭圆工具的属性面板。在属性面板中不仅包含笔触颜色、笔触高度、笔触样式、自定义选项，还包括填充颜色。如图2—24所示。

　　下面详细介绍渐变填充色的设置。

　　渐变有两种类型，一种是沿直线的渐变；另一种是以圆心为中心沿半径方向的渐变。只要单击椭圆工具的属性面板或工具箱中的填充颜色按钮，在弹出的颜色面板下方会有一行渐变颜色填充，是系统提供的几种简单的渐变色。选择任意一个按钮，在工作区中绘制的椭圆就应用了渐变填充。如图2—25所示。

　　在Flash中可以根据自己的需要设置渐变填充色。在混色器面板中的"类型"下拉列表框中选择"放射状"或"线性"模式后，混色器面板设置模式。如图2—26所示。

二、矩形工具的使用和选项设置

　　矩形工具的使用和椭圆工具的使用方法相同。工具栏中的矩形工具包含了两项内容：矩形工具和多角星形工具。

矩形工具和椭圆工具的使用方法基本相同，唯一不同的是选择矩形工具时，在"属性"面板中会出现"边角半径设置"。如图2-27所示，可以设置矩形边

角的半径，确定后绘制圆角矩形。

> 提示：按住鼠标左键绘制矩形的同时，按下键盘上的上、下方向键，可随意调整矩形的半角半径。

三、多角星形工具

多角星形工具 ⬡ 的属性面板比矩形工具的属性面板多了一个"选项"按钮。如图2-28所示。

图2-24

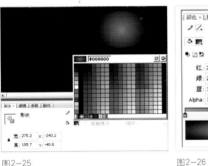

图2-25

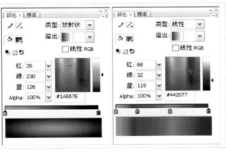

图2-26

图2-27

图2-28

第五节 ///// 钢笔和部分选取工具

钢笔工具和铅笔工具一样可以用于绘制线条，利用钢笔工具可以通过绘制精确的路径来确定直线和平滑的曲线。通常情况下，钢笔工具和部分选取工具一起使用，部分选取工具可以选择对象的锚点，并自如地变形对象。

一、利用钢笔工具绘制直线和曲线

"钢笔"工具 ✒ 一般用于绘制较为精确的路径。选择"钢笔"工具，依次在舞台上单击并拖动鼠标，即可绘制曲线如图2-29所示。

二、利用部分选取工具编辑对象

图2-29

"部分选取工具" ▷ 是修改和调节路径时经常使用的工具。部分选取工具可以选择对象的锚点，通过调整切线手柄编辑曲线，来实现移动、变形对象的目的。

第六节 //// 刷子工具

"刷子"工具 ✐ 可以绘制出像用毛笔作画的效果，也常用于给对象着色。需要注意的是，刷子工具绘制出的是填充区域，它不具有边线，其封闭的线条可以使用颜色桶工具着色，可以通过工具栏中的"填充颜色"按钮 ✎■ 来改变刷子的颜色。刷子颜色的设置方法与椭圆或矩形工具的填充区域的设置方法相同。

一、刷子工具的选项

选择工具栏中的"刷子"工具 ✐，在工具栏的下方的选项区显示刷子工具的选项。刷子工具的属性有5项：对象绘制、刷子模式、锁定填充、刷子大小和刷子形状。如图2－30所示。

> 提示：在刷子工具的属性面板中可以设置刷子的平滑度。

二、刷子工具的模式

使用刷子工具绘制的是填充图形，纯色、渐变色或位图都可以作为填充。在刷子工具的模式中，可以选择在对象的前面或后面着色，可以对选定的填充区域或选择区域着色。刷子工具的模式有5种：标准绘画、颜料填充、后面绘画、颜料选择、内部绘画。如图2－31所示。

标准绘画：选择该模式，以正常的方式直接在线条和填充区上绘制。如图2－32所示。

颜料填充：选择该模式，用刷子工具绘制的图形只将现有图形的填充区域覆盖，边框不受影响。如图2－33所示。

后面绘画：选择该模式，用刷子工具绘制的图形出现在现有图形的背后，不会影响现有图形的显示。

如图2－34所示。

颜料选择：选择该模式，先要选取一个范围，只有在选取范围的区域才能被刷子的颜色覆盖。如图2－35所示。

内部绘画：选择该模式，刷子刷过的位置只有第1个填充区域中的填充色被覆盖，经过的其他区域都不受影响。如图2－36所示。

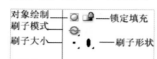

图2－30

图2－31

图2－32

图2－33　　　　　　图2－34

图2－35　　　　　　图2－36

第七节 ////// 任意变形工具

"任意变形"工具是用来对图像、文本块或元件等进行缩放、旋转、扭曲及任意变形。选择工具栏中的任意变形工具 后，选择某个对象，则该对象周围出现一个矩形框及8个控制点。如图2-37所示。

选择工具栏中的任意变形工具 后，工具栏选项处会显示该工具的5个选项，分别是：贴紧至对象、旋转与倾斜、缩放、扭曲、封套。如图2-38所示。

旋转与倾斜：用来旋转和倾斜对象。

选中要变形的对象，单击工具箱中的任意变形工具，单击选项区中的"旋转与倾斜"按钮 ，此时对象的周围会出现8个控制点，并且在对象的中心有一个小圆圈，当光标移动到两个控制点的中间，拖动鼠标会看到如图2-39所示的效果。

> 提示：按住Alt键旋转，以对称的顶点为中心进行缩放。

缩放：用来改变对象的大小。

1.选中要改变大小的对象。

2.单击工具栏中的任意变形工具，单击选项区中的"缩放"按钮 ，此时对象的周围会出现8个控制点，并且在对象的中心有一个小圆圈，当光标变成一个倾斜的双箭头时，拖动鼠标改变对象的大小如图2-40所示效果。

> 提示：按住Alt键的同时使用任意变形工具的缩放选项，以中心点为基准缩小或放大。

按住Shift键的同时使用任意变形工具的缩放选项，按照原比例缩小或放大对象。

按住Alt＋Shift快捷键的同时使用任意变形工具的缩放选项，以中心点为基准缩小或放大对象。

图2-37

图2-38

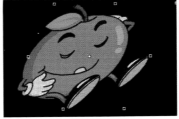
图2-39 倾斜效果

旋转效果

图2-40

扭曲：通过移动对象的锚点来改变对象形状的操作。

利用扭曲功能可以单独移动编辑点，改变对象原本规则的形状。选择工具栏中的任意变形工具，然后单击选项区中的"扭曲"按钮 ，或者在工具被选中的状态下按住Ctrl键应用扭曲功能，效果如图2-41所示。

封套：通过改变锚点的手柄来改变对象形状的操作，将对象进行任意弯曲与扭曲。选择工具栏中的任意变形工具，然后单击选项区中的"封套"按钮 ，拖动鼠标进行变形，效果如图2-42所示。

> 注意："扭曲"与"封套"的功能只能对形状对象有效，对元件、位图并不适用。如果必须将元件或位图转换为形状，可以按"Ctrl+B"组合键。

图2-41　　　　　　图2-42

第八节 //// 墨水瓶工具和颜料桶工具

墨水瓶工具和颜料桶工具是比较常用的改变对象的边线和填充的工具。墨水瓶工具用来设置边线的属性，颜料桶工具用来设置填充的属性。

一、墨水瓶工具

选择工具栏中的"墨水瓶"工具，在工作区下方显示墨水瓶工具的属性面板。如图2-43所示。

选择工具栏中的"墨水瓶"工具，将属性设置为如图所示，移动鼠标到编辑区中要添加边线的填充部分，单击鼠标左键即可，用同样的方法给图像添加边线并调整边线样式、颜色如图2-44所示。

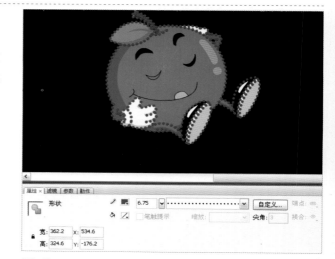

图2-44

二、颜料桶工具

"颜料桶"工具用于将颜色、渐变、位图填充到封闭的区域中。它常常和"滴管"工具一起使用。用滴管工具在填充物上单击，所获取的颜色就是颜料桶要使用的填充颜色。

选择工具栏中的颜料桶工具，在工具栏的选项栏

图2-45

中显示颜料桶的选项设置如图2-45所示。

不封闭空隙：只填充封闭的区域，即没有空隙时才能填充。

封闭小空隙：填充有小缺口的区域。

封闭中等空隙：可以填充有一半缺口的区域。

封闭大空隙：可以填充有大缺口的区域。

锁定填充：功能与刷子工具的功能相同。

图2-43

第九节 ///// 滴管工具

"滴管"工具 可以从已存在的线条和填充获得颜色信息，常用来使两部分内容颜色一致，它经常与颜料桶工具一起使用。

滴管工具的使用有两种，一种是拾取单纯色，一

图2-46

种是拾取整个图形。拾取单纯色往往用于颜色修改，而拾取整个图形则常用于图形的融合。

图2-47

一、拾取单纯色

选择"滴管"工具 ，拾取所需要的颜色，然后再填充到绘制的图形中。如图2-46所示。

二、拾取整个图形

滴管除了可以拾取颜色外，还可以把整个图形作为一个拾取对象，当填充时，可以把整个图形填充到指定区域。如图2-47所示。

提示：要适用位图填充，必须先把位图打散。

第十节 ///// 橡皮擦工具

橡皮擦工具 是用来擦除线条、图像等对象的工具。

选择工具栏中的橡皮擦工具后，在工具栏的选项区显示如图2-48所示，橡皮擦的选项：擦除模式、橡皮擦形状和水龙头。

橡皮擦的擦除模式有5种：标准擦除、擦除填色、擦除线条、擦除所选填充、内部擦除。如图2-49所示。

标准擦除：擦除场景中位于同一图层上的任意图形。如图2-50所示。

擦除填色：只擦除填充区域，不会影响线条。如图2-51所示。

擦除线条：只擦除线条，填充区域不受影响。如图2-52所示。

擦除所选填充：只擦除当前选中的填充区域，不

图2-48

图2-49

图2-50

会影响未被选中的线条和填充。如图2-53所示。

内部擦除：只擦除开始时的填充区域。如图2-54所示。

水龙头可以一次性擦除边线和填充，只要选择工具栏中的橡皮擦工具，单击选项区中的"水龙头"按钮 ，可以擦除图像的边线或填充区域，特别适合于分离后的位图图像，可以快速擦除整个图形。

提示：双击"橡皮擦"工具，可以快速擦除舞台上所有的对象。

图2-51

图2-52

图2-53

图2-54

第十一节 ///// 文本工具

一、文本工具的属性

选择工具栏中的"文本"工具 **T**，在工作区的属性面板中显示文本工具的属性面板，可在"属性"面板中设置文本的类型、字体和颜色等属性。如图2-55所示。

二、文本工具的使用

"文本"工具，可以创建3种类型的文本：静态文本、动态文本、输入文本。

1.创建静态文本

选择"文本"工具，在"属性"面板中的"文本类型"下拉列表框中选择"静态文本"，在场景中单击，即可创建宽度可变的静态文本。如图2-56所示。

如果要创建宽度固定的静态文本块，则在舞台中单击并拖动鼠标，设置文本块的尺寸，再输入文本。

2.创建动态文本

选择"文本"工具，在舞台中绘制一个固定大小的文本框，或者单击鼠标直接输入文本，再从"属性"面板中的"文本类型"下拉列表框中选择"动态文本"。绘制好的动态文本框周围会有一个黑色的边界。如图2-57所示。

3.创建输入文本

选择"文本"工具，在其"属性"面板中的"文本类型"下拉列表框中选择"输入文本"，然后使用"文本"工具在工作区中绘制表单，用户可以在表单中直接输入数据，如图2-58所示的长方形即是输入文本框。

图2-55

[复习参考题]

◎ 综合运用各个工具，绘制2～3个卡通图形。

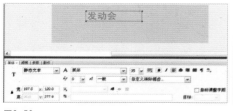
图2-56

图2-57

图2-58

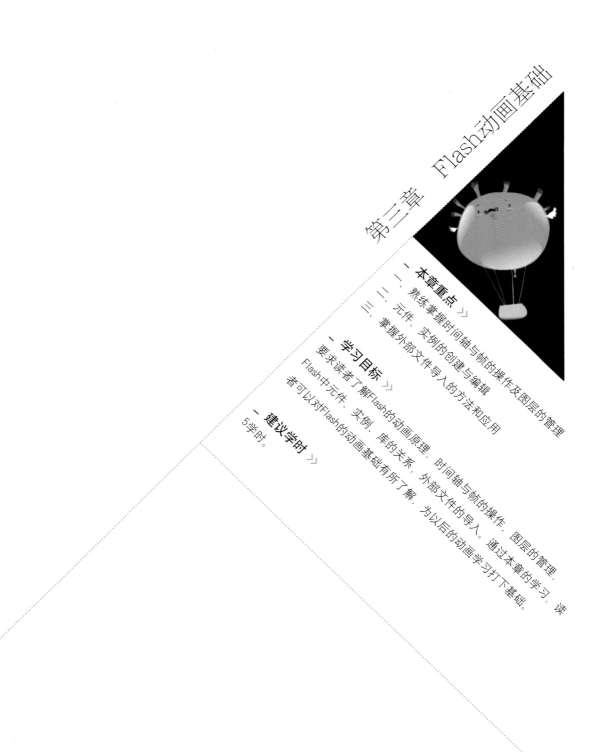

第三章 Flash动画基础

一、本章重点 》

一、熟练掌握时间轴与帧的操作及图层的管理

二、元件、实例的创建与编辑

三、掌握外部文件导入的方法和应用

一、学习目标 》

要求读者了解Flash的动画原理、时间轴与帧的操作、图层的管理、Flash中元件、实例、库的关系、外部文件的导入。通过本章的学习，读者可以对Flash的动画基础有所了解，为以后的动画学习打下基础。

一、建议学时 》

5学时。

第三章　Flash动画基础

第一节 ///// 动画原理

　　动画通过连续播放一系列画面，给视觉造成连续变化的图画。它的基本原理与电影、电视一样，都是视觉原理。医学已证明，人类具有"视觉暂留"的特性，就是说人的眼睛看到一幅画或一个物体后，它在1/24秒内不会消失。利用这一原理，在一幅画还没有消失前播放出下一幅画，就会给人造成一种流畅的视觉变化效果。

　　因此，电影采用了每秒24幅画面的速度拍摄播放，电视采用了每秒25幅（PAL制，中央电视台的动画就是PAL制）或30幅（NSTC制）画面的速度拍摄播放。如果以低于每秒24幅画面的速度拍摄播放，就会出现停顿现象。在Flash中默认帧频为每秒12帧（fbs），这个播放速度比较适合于网络。

第二节 ///// Flash动画制作的基本流程

　　一部动画片的诞生，无论是10分钟的短片，还是90分钟的长片，都必须经过编剧、导演、美术设计（人物设计和背景设计）、设计稿、原画、动画、绘景、描线、上色（描线复印或电脑上色）、校对、摄影、剪辑、作曲、拟音、对白配音、音乐录音、混合录音、洗印（转磁输出）等十几道工序的分工合作、密切配合才能完成。应该说动画片是集体智慧的结晶。电脑软件的使用大大简化了工作程序，方便快捷，也提高了效率。

第三节 ///// 时间轴与帧

　　"时间轴"面板在第一章中已经做了初步的介绍，本节我们将结合动画的制作详细介绍"时间轴"面板操作，为后面制作动画影片打下基础。

一、时间轴

　　时间轴就是用来组织和控制影片内容在什么时间出现的工具。"时间轴"面板分为4个部分：顶区、图层区、时间帧区和状态栏。下面分别介绍一下各自的功能。

1.顶区

　　由两行组成。如图3-1所示。

　　第一行是切换行，只要单击相应的文件名就可以在多个"fla"或"swf"文件之间进行切换。第二行从左到右是当前场景的名称、编辑场景和编辑元件间的切换、场景现实比例。

2.图层区

　　每个图层都包含一些舞台中的动画元素，上面图层的元素覆盖下面图层的元素。

　　图层区最上面有3个图标，眼睛用来控制图层中的元件是否可视；锁是用来锁定图层，图层锁定后该图

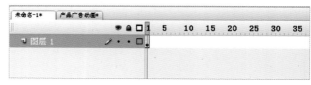

图3-1

层的内容将不能被编辑；方框是轮廓线，单击后图层中的元件只显示轮廓线，填充将被隐藏，这样能方便编辑图层中的元件。

3.时间帧区

Flash影片将播放时间分解为帧，用来设置动画运动的方式、播放的顺序及时间等。默认时是每秒12帧，如图：在时间帧区域上，每5帧有个"帧序号"标志。

4.状态栏

状态栏位于时间轴的最下方，最左边的一组"帧显示模式"按钮，也就是所谓的"描图纸"或者"洋葱皮"功能，它能使某个动画过程以一定透明度完整显示出来，而且还可以"多帧编辑"。右边3个数字分别代表当前所选帧的编号、当前帧频和到当前帧为止的运动时间。

二、帧

影片的制作原理是改变连续帧的内容过程，不同的帧代表不同的时间，包含不同的对象。影片中的画面随着时间的变化逐个出现。

1.帧的类型

在Flash动画的帧显示中，无内容的帧是空的单元格，有内容的帧显示一定的颜色，不同的帧代表不同的动画。例如动画补间动画的帧显示为淡蓝色，形状补间动画的帧显示为淡绿色。关键帧后面的普通帧继续关键帧的内容。

（1）帧

下面我们通过实例来理解帧的类型（如图3-2～图3-4所示）。

（2）普通空白帧

制作影片时，对象进入工作区中有先后顺序，所以开始帧的位置也不同。下面这个例子是将第二层的图片在第13帧时出现，所以在前面显示的是普通空白关键帧。如图3-5所示。

（3）关键帧

关键帧是定义动画的关键因素，该帧的对象与前、后的对象属性均不相同。下面这个图例有26个关键帧，

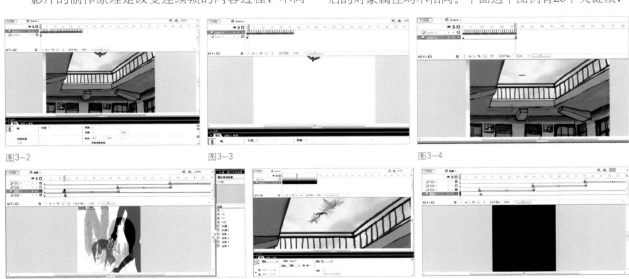

图3-2　　　　　　　　图3-3　　　　　　　　图3-4

图3-5　　　　　　　　图3-6　　　　　　　　图3-7　默认图层的第1帧为空白关键帧

从图中我们可以看到，每个关键帧的对象无论是在工作区中的大小还是位置都发生了变化。如图3-6所示。

(4) 空白关键帧

每个图层的第1帧默认为空白关键帧，可以在上面创建内容，一旦创建了内容，空白关键帧就变成了关键帧。如图3-7、图3-8所示。

(5) 帧动作

在图层的某个帧上有a表示帧动作的存在。

2.帧的编辑

虽然帧的类型比较复杂，在影片中起不同的作用，但对于帧的各种编辑操作是相同的。下面介绍帧的插入、删除、复制、粘贴、转化、清除及多个帧的编辑。

(1) 插入帧

插入帧的方法有以下几种。

插入一个新帧：选择"插入"/"时间轴"/"帧"命令，或按下F5健，在当前帧的后面插入一个新帧。如图3-9所示。

插入一个关键帧：选择"插入"/"时间轴"/"关键帧"命令，或按下F6健，在播放头所在的位置插入一个关键帧。如图3-10所示。

插入一个空白关键帧：选择"插入"/"时间轴"/"空白关键帧"命令，或按下F7健，在播放头所在的位置插入一个空白关键帧。如图3-11所示。

Ctrl键配合鼠标拖动添加帧：按住Ctrl键的同时用鼠标拖动最后的帧的分界线，可以将帧延续。如图3-12所示。

(2) 删除、移动、复制、清除帧

a.删除帧

选中要删除的帧或关键帧，单击右键选择快捷菜单中的"删除帧"命令。另外一种方法是选中要删除的帧或关键帧，按下shift+F5快捷键删除。如图3-13所示。

> 注意：在删除关键帧的操作中，选中要删除的关键帧，如果按下Shift+F5快捷键，可以将关键帧删除。如果按下Shift+F6快捷键，可以将关键帧转换为普通帧。

图3-8　在空白关键帧创建内容后变为关键帧

图3-9

图3-10

图3-11

图3-12

图3-13

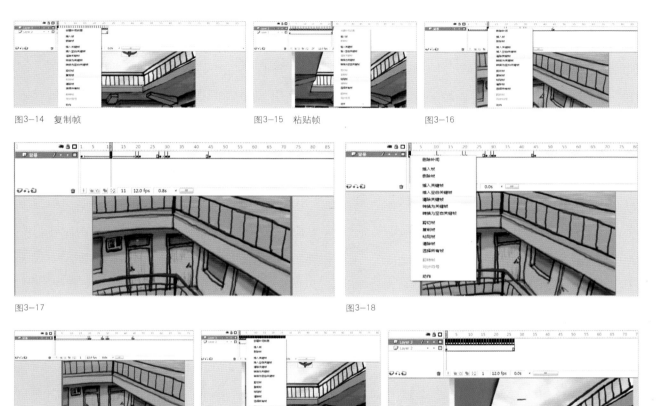

图3-14 复制帧　　　　　　　　图3-15 粘贴帧　　　　　　　　图3-16

图3-17

图3-18

图3-19　　　　　　　　　　图3-20　　　　　　　　　　图3-21

b.移动帧

只要用鼠标拖动准备移动的帧或关键帧即可。

c.复制关键帧

两种方法：第一种是：按住Alt键将要复制的关键帧拖动到待复制的位置，然后释放鼠标即可。

第二种是：选中要复制的关键帧，单击右键选择快捷菜单中的"复制帧"命令，然后在待复制的位置单击右键选择快捷菜单中的"粘贴帧"命令。如图3-14、图3-15所示。

d.清除关键帧

"清除关键帧"命令只能用于关键帧，清除关键帧有两种情况。

第一种，清除背景图层中位于中间部分的关键帧，只要选中该关键帧，单击鼠标右键，选择快捷菜单中的"清除关键帧"命令，这样就清除了该关键帧。如图3-16、图3-17所示。

第二种情况：清除背景图层中位于开始的关键帧，只要选中该关键帧，单击鼠标右键，选择快捷菜单中的"清除关键帧"命令，该关键帧被位于后面的关键帧所取代。如图3-18、图3-19所示。

影片中帧的翻转

帧的翻转可以将影片的播放次序翻转，选择某段动画，单击鼠标右键，选择快捷菜单中"翻转帧"命令。如图3-20、图3-21所示。

第四节 ///// 图层管理

一、创建图层和图层文件夹

创建一个新的图层或图层文件夹后，新添加的图层将成为活动图层，它将出现在所选图层的上面。

1.创建图层

创建图层有3种方法：

(1) 单击时间轴底部的"添加图层"按钮；

(2) 选择"插入/图层"命令；

(3) 在时间轴中的一个图层名单上单击鼠标右键，在弹出的快捷菜单中选择"插入图层"命令。如图3-22所示。

2.创建图层文件夹

创建图层文件夹的方法：

(1)用鼠标在"时间轴"中选择一个图层或文件夹，然后选择"插入/图层文件夹"命令；

(2)在"时间轴"面板中的一个图层名上，单击鼠标右键，在弹出的快捷菜单中选择"插入文件夹"；

(3)单击时间轴底部的"添加图层文件夹"按钮。

二、编辑图层和图层文件夹

图层和图层文件夹的编辑包括：选择、重命名、移动和删除。

1.选择

选择单个图层或文件夹，可以执行以下操作：

单击时间轴中图层或文件夹的名称，或者在时间轴中单击要选择的图层的一个帧，或者在舞台中选择要选择的图层上的一个对象。如图3-23所示。

选择单个图层

选择两个或多个图层或文件夹，可以执行以下操作：

按住"Shift"键在时间轴中单击它们的名称。要选择几个不连续的图层或文件夹，请按住"Ctrl"键单击时间轴中它们的名称。如图3-24、图3-25所示。

2.重命名

重命名图层或文件夹，有两种方法：

(1) 双击该图层或文件夹的名称，然后输入新名称。如图3-26所示。

(2) 把鼠标移动到要重命名的图层上，单击鼠标右键，在弹出的快捷菜单中选择"属性"命令，如图所示。在弹出的"图层属性"对话框的名称文本框中输入新名称。如图3-27所示。

3.移动

图层顺序的改变可以通过移动图层来完成。图层

图3-22

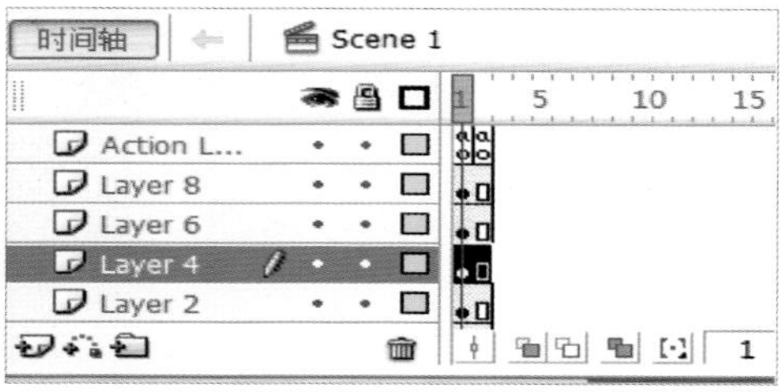

图3-23

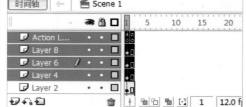

图3-24 用"Shift"键选择连续多个图层

图3-25 用"Ctrl"键选择不连续多个图层

图3-26

图3-27

移动的操作很简单，只需要在"时间轴"面板上，单击鼠标左键，上下拖动图层的位置。

4. 删除

删除图层或文件夹的方法：

选择要删除的图层或文件夹，单击时间轴中的"删除图层"按钮🗑，就可以删除该图层。

或者在图层或文件夹的名称上用鼠标点击右键，然后在弹出的快捷菜单中选择"删除图层"命令。

> 注意：删除图层文件夹后，所有包含的图层及其内容都会删除。

第五节 ///// 元件、实例与库

元件、实例和库的基本操作很简单，就是把元件从库中拖到舞台中。

一、元件

元件是Flash中最重要的也是最基本的元素，它在Flash中对文件的大小和交互能力起重要的作用。元件是一个特殊的对象，它可以是一个形状，也可以是一个按钮、一张图片，元件在一个动画中只需要创建一次，然后在整个影片中反复使用。

1. 创建元件

元件的来源可以通过直接创建元件、转换为元件和公用库中现有的元件。元件的类型可分为图形元件、按钮元件和影片剪辑元件。

创建元件的方法：

（1）直接创建新元件

选择"插入/新建元件"命令，或按下Ctrl+F8快捷键打开"创建新元件"对话框。如图3-28所示。

在对话框中，在"名称"文本框中输入新元件的名称，在"类型"选项中可以选定元件的类型。

影片剪辑元件：在影片剪辑元件中可以编辑一个独立的影片，包括动作、声音的各种变化效果，如同影片中的影片，在制作动画按钮时常常会用到。

按钮元件：可制作交互按钮。在工作中可以设置实例动作。

图形元件：是制作影片的基本元件，在影片中反

图3-28 创建新元件对话框

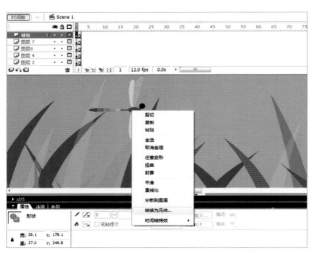

图3-29

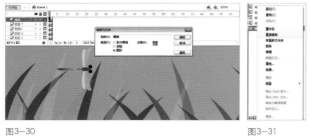

图3-30　　　　　　　　　　　图3-31

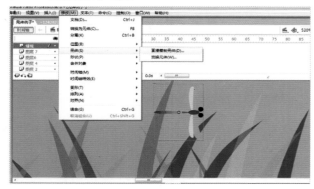

图3-32　直接复制元件对话框

图3-33

复出现的对象就需要制作成图形元件。在工作区中不能够为图形元件添加交互行为和声音控制。

（2）将已经创建好的对象转换成元件

下面我们把蜻蜓图层中的对象转换成图形元件。该图形元件的实例在工作区中可以多次的运用，这样可以减小影片文件的大小。方法如下：

使用工具栏中的选择工具，选中"蜻蜓"图层中的对象，然后用鼠标在选择的对象上单击右键，在弹出的快捷菜单中选择"转换为元件"命令。如图3-29所示。

在打开的"转换为元件"对话框中，输入名称"蜻蜓"，元件的类型设置可以根据影片的需要进行选择。这里我们选择图形元件。单击"确定"。如图3-30所示。

（3）元件的复制

元件复制的方法有两种：

一种是通过"库"面板复制。

在库面板中选择要复制的元件，用鼠标点击右键，在弹出的快捷菜单中选择"直接复制"命令。如图3-31所示。

在弹出的"直接复制元件"对话框中指定元件名称及类型，然后单击"确定"按钮。如图3-32所示。

另一种是通过选择元件的实例来直接复制该元件：

在舞台上选择准备复制的元件实例，再选择"修改/元件/直接复制元件"命令。如图3-33所示。

或者在元件实例上直接点击鼠标右键，在弹出的快捷菜单中选择"直接复制元件"命令。如图3-34所示。

（4）交换元件

Flash中提供了交换元件的操作方式，在动画制作过程中有时需要元件间相互替换的效果。通过实例指定不同的元件，可以在舞台上显示不同的实例，并保留所有的原始实例的属性。

交换元件的方法：

首先在舞台上选择要交换的元件实例，在"属性"面板上，单击"交换"按钮。如图3-35所示。

选择"交换元件"按钮后，会弹出"交换元件"的对话框，如图：选择交换元件，然后单击"确定"按钮。如图3-36所示。

元件交换后新实例属性与原实例属性一致。

2.元件的编辑

创建好元件后，要对元件进行编辑。当元件需要修改时，也要对元件进行编辑。3种不同的元件编辑方法也不同。下面我们来看看3种不同元件的编辑方法。

（1）编辑图像元件

图形元件的编辑方式有两种，一种是当前模式下编辑元件，另一种是在元件模式下编辑。

a.当前模式下编辑元件

在工作区中双击图形元件的实例，就可以进入图形元件的编辑模式。在这种情况下，元件以外的对象变暗，表示不可编辑。如图3-37所示。

b.在元件模式下编辑元件

在库中选择要进行编辑的元件然后双击，可以进入元件的编辑模式。进入编辑模式后，跟在工作区中编辑对象一样，对图形元件对象进行编辑的操作如图3-38所示。

> 注意：在编辑元件时，工作区有个"+"，这是元件编辑状态最重要的标志，也表示该元件的中心位置。

（2）编辑按钮元件

按钮元件实例是一个4帧的影片剪辑，它不同于图形元件和影片剪辑元件，按钮元件可以使得Flash影片具有较强的交互性。

第一帧弹起：鼠标指针不在按钮上时按钮的状态。

第二帧指针经过：鼠标指针在按钮上时按钮的状态。

第三帧按下：鼠标单击按钮时按钮的状态。

第四帧点击：用来定义可以影响鼠标单击状态的最大区域。如图3-39所示。

选择"插入/新建元件"命令，在弹出的对话框中类型选项中选择"按钮"。如图3-40所示。

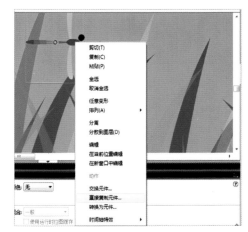
图3-34

图3-35　　"属性"面板上"交换"的按钮

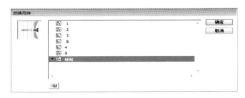
图3-36　　"交换元件"对话框

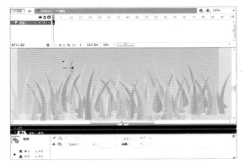
图3-37

图3-38

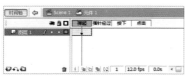

图3-39

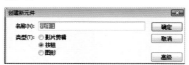

图3-40

图3-41

图3-42

图3-43

图3-44

图3-45

图3-46

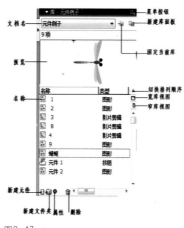

图3-47

然后单击"确定"按钮，创建一个新的按钮元件，并进入按钮元件的编辑窗口。如图3-41所示。

单击"弹起"帧，选择工具栏中的工具，在工作区绘制按钮样式。如图3-42所示。

单击"指针经过"帧，按下F6键插入关键帧。如图3-43所示。

单击"指针经过"帧，选中工作区中的对象，用颜色工具使其改变颜色。如图3-44所示。

然后再"按下"帧按下F6键插入关键帧。如图3-45所示。

最后单击标题栏上的"场景1"按钮，切换到场景中，再将按钮元件从库中拖到场景工作区中，按下Ctrl+Enter快捷键测试影片。如图3-46所示。

（3）编辑影片剪辑元件

影片剪辑元件就是把一段Flash动画作为一个元件，这在Flash动画制作中可以大大节省用户的操作，提高创作效率。编辑电影剪辑元件与动画制作的方法一样，我们在以后的动画制作章节中进行讲解。

二、库

库是存放元件的地方，另外也是外部文件导入存放的地方。对库的管理可以使得元件的使用更有效。元件建立后，会自动放到当前的库文件中，成为当前库文件的一部分。

1.库面板

"库"面板一般位于窗口右下角，

用户可以选择"窗口/库"命令来控制"库"面板的显示与隐藏（库面板结构如图3-47所示）。

2.库面板操作

在Flash中管理元件是通过"库"面板操作进行的。管理好这些元件可以提高动画制作效率。

（1）归类

在动画制作时，元件较多的情况下就需要对元件进行归类，归类的方法有很多种，可以根据自己的需要进行归类，比如：按照类型归类，可以归为图片、声音、动画和电影等；按对象进行归类，可以归为房子、树木和人物等。

归类的方法很简单，单击"库"面板左下角的 按钮，在库目录列表中会增加一个文件夹"未命名文件夹1"，然后修改名称为"图形"，就可以将动画里所有的图形元件放到"图形"文件夹里了。如图3-48、3-49所示。

（2）重命名

在库中也可以给元件重命名。移动鼠标到元件上双击元件名称，则看到元件名称呈修改状态（如图3-50）。

（3）删除

删除元件的方法：选择要删除的元件，单击右下角的 按钮就可以删除想删除的元件。或者在要删除的元件上单击鼠标右键，在弹出的快捷菜单中选择"删除"命令。

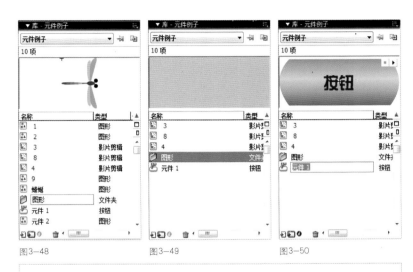

图3-48　　　　图3-49　　　　图3-50

注意：当元件删除后，在舞台上元件的实例也将删除，所以删除元件时一定要小心。

三、实例

实例是位于舞台上或嵌套在另一个元件内的元件副本，又称为"实例化的元件"。在舞台上对元件的实例进行颜色、大小、类型和功能上的调整，影响的仅仅是当前的实例，不会对库中的元件造成影响。如果对库中的元件进行修改，则舞台上所有应用了该元件的实例都会进行相应的更新。

1.实例与元件的关系

元件是一种可以重复利用的对象，只需要创建一次，就可以在整个动画或者是其他动画中重复使用。实例是元件在舞台中的一次具体使用。重复使用元件不会增加文件的大小，元件还简化了文档的编辑，当改变元件时，舞台上所有元件实例都会相应的进行改变。

2.实例的属性

实例的属性修改是通过"属性"面板完成的。利用属性面板中的"颜色"属性选项，可以对元件的实例应用不同的颜色效果，如亮度、色调、Alpha和高级。设置元件实例的属性方法如下：

首先，选中工作区中元件实例，单击属性面板中的"颜色"选

图3-51

图3-52

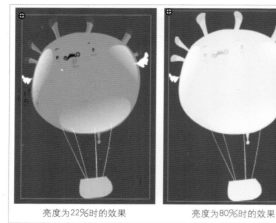

亮度为22%时的效果	亮度为80%时的效果

图3-53

图3-54

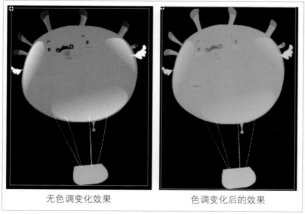

无色调变化效果	色调变化后的效果

图3-55

项，在弹出的下拉列表中有5个选项，分别是无、亮度、色调、Alpha和高级，如图：其中"无"表示不使用任何颜色效果。如图3-51所示。

根据用户需要设定不同的效果：

（1）亮度

选择"亮度"可以调整实例的明暗度，直接在选项右侧的文本框中输入数值，也可以调节右侧的滑块改变数值，数值越大，亮度越高。如图3-52、图3-53所示。

（2）色调

色调是用于调整实例的颜色，选择"色调"选项，在右边的颜色拾取器中可以设置实例的颜色。如图3-54、图3-55所示。

（3）Alpha

用于调整实例的透明度。选择Alpha后在右边的

图3-56

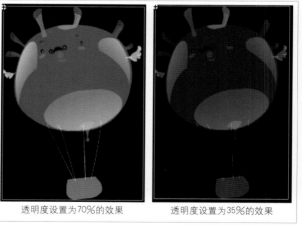

透明度设置为70%的效果	透明度设置为35%的效果

图3-57

图3-58

文本框中直接输入数值，还可以通过调节右侧的滑块来改变数值的大小。如图3-56、图3-57所示。

（4）高级

用于设置实例的综合参数，选择该选项后，会弹出一个"设置"按钮，如图：单击设置按钮后，会弹出"高级效果"对话框如图3-58、图3-59所示，此对话框可以对实例的亮度、透明度和颜色进行综合设置。

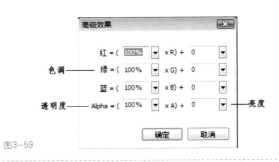

图3-59

第六节 //// 导入外部文件

在动画制作过程中，除了用户自己创建元件和实例外，还可以引入其他文件为自己的动画制作服务。它们的使用方法与元件的使用方法是一样的，只是在属性上有各自的特点，这些文件主要包括图形、声音、视频、动画和文字。本节我们主要讲解图形文件的导入与使用，其他文件的导入将在后面的章节中讲解。

一、文件的导入

选择"文件/导入"命令，如图：可以看到它有4个子菜单，其意义分别如图3-60所示：

1.导入到舞台：用于将文件既导入到库中，又放置于舞台上。

2.导入到库：仅将文件导入到库中，不置放于舞台上。

图3-60

3.打开外部文件：使用该命令可以在当前影片文件中打开其他FLA文件的库。

4.导入视频：专门用于视频文件的导入，视频文件不导入库，只导入一个"编译剪辑"项目。

二、导入文件的使用

当文件导入到库中后可以像一个元件一样使用，但它也有特殊性。不可以修改颜色和透明度，不能通过工具改变形状。如果想进行这些操作，必须通过Ctrl+B将位图图形打散。如图3-61所示。

位图打散前的效果　　　　通过Ctrl+B打散后的效果

图3-61

[复习参考题]

◎　通过制作一个小动画来熟悉时间轴与帧的操作以及图层的管理。

◎　通过制作一个小动画来掌握元件、实例的应用。

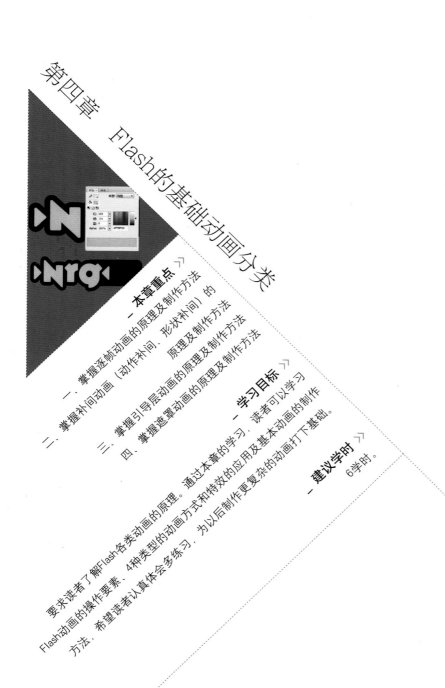

第四章 Flash的基础动画分类

本章重点

一、掌握逐帧动画的原理及制作方法

二、掌握补间动画（动作补间、形状补间）的
原理及制作方法

三、掌握引导层动画的原理及制作方法

四、掌握遮罩动画的原理及制作方法

学习目标

要求读者了解Flash各类动画的原理。通过本章的学习，读者可以学习
Flash动画的操作要素、4种类型的动画方式和特效的应用及基本动画的制作
方法，希望读者认真具体会多练习，为以后制作更复杂的动画打下基础。

建议学时

6学时。

第四章 Flash的基础动画分类

第一节 ///// 逐帧动画及应用

一、逐帧动画原理

逐帧动画是一种常见的动画形式，其原理是在"连续的关键帧"中分解动画动作，也就是在时间轴的每帧上逐帧绘制不同的内容，使其连续播放而成动画。在时间帧上逐帧绘制帧内容称为逐帧动画，由于是一帧一帧的画，所以逐帧动画具有非常大的灵活性，几乎可以表现任何想表现的内容。下面我们以实例来理解逐帧动画。

二、制作思路

要创建逐帧动画，需要将每个帧都定义为关键帧，然后给每个关键帧创建不同的图像。每个新关键帧最初包含的内容和它前面的关键帧是一样的，以此可以递增地修改动画中的帧。本例要制作的是一个绘制熊头像的动画。

三、制作步骤

1.首先新建一个Flash文档，进入编辑状态，将背景色设置为黄色。在第一帧中，利用椭圆工具绘制一

图4—1

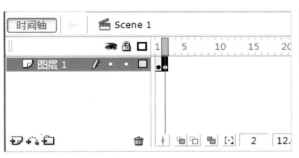

图4—2

图4—3

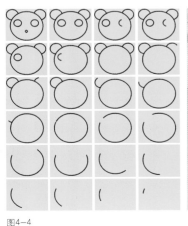

图4—4

图4—6

图4—7

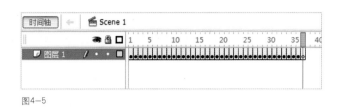

图4-5

个熊的头像。如图4-1所示。

2.用鼠标单击时间轴上的第2帧，按下F6快捷键，在第二帧出现与第一帧相同的关键帧。如图4-2所示。

选择第2帧，然后单击工具条中的 ✐ 按钮，在舞台上擦去熊嘴部的弧形。如图4-3所示。

同样的方法操作下去，依次擦去熊的嘴、眼睛、耳朵，最后擦去图中最大的圆形。如图4-4所示。

3.这样所有的帧完成了，在最后结束的一帧后按F7快捷键插入一个空白关键帧。如图4-5所示。

4.最后选择所有的关键帧，在关键帧上单击鼠标右键，在弹出的快捷菜单中选择"翻转帧"命令，将上面所做的顺序进行颠倒。如图4-6所示。

5.按"Ctrl+Enter"组合快捷键，测试影片，可以看到动画效果。如图4-7所示。

第二节 ////// 补间动画及应用

一、补间动画原理

补间动画是最基础、最简单的一种动画形式，可以说它是我们一些大型动画的基础。它的原理就是只要建立起始和结束的画面，中间部分由软件自动生成，省去了中间动画制作的复杂过程，补间动画是Flash中最常用的动画效果。又分为动作补间和形状补间。动作补间是物体由一个状态到另一个状态（位置、倾斜角度、透明度、色彩的变化）；形状补间是物体由一个物体变化到另一个物体。

二、动作补间动画

利用补间动画可以实现的动画类型包括位置和大小的变化、旋转的变化、速度的变化、颜色和透明度的变化。下面这个动画例子就包含了位置、旋转、颜色的变化。

三、动作补间动画制作步骤

1.新建一个Flash文档，通过Ctrl+F8快捷键插入一个图形元件，进入元件编辑状态，利用工具条中的绘图工具绘制如图4-8所示的图形。

2.点击时间轴面板上的"Scene"转到场景编辑状态，鼠标点击时间轴上的第一帧，将第一步做的元件拖到舞台上。如图4-9所示。

3.点击舞台上的实例，将属性面板上的颜色选项设置成高级，在高级选择卡右边会出现"设置"按钮。如图4-10所示。

4.点击"设置"按钮会

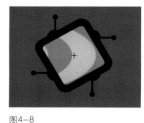

图4-8

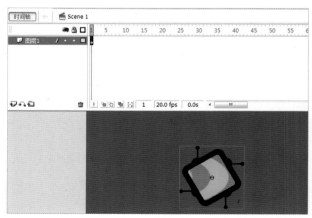

图4-9

图4-10

图4-11

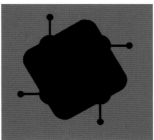

图4-12

图4-13

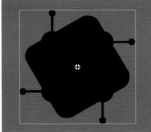

图4-14

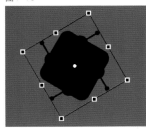

图4-15

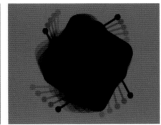

图4-16

弹出"高级效果"对话框，将颜色和透明度如图4-11所示进行设置。然后点击"确定"按钮得到如图4-12所示的颜色效果。

5.鼠标点击第5帧，按下F6快捷键添加和第1帧一样的关键帧，在第5帧上点击舞台上的实例，将"高级效果"如图4-13所示设置。然后单击"确定"按钮得到如图4-14所示的颜色效果。

6.还是在第5帧上，选择工具条中的任意变形工具，对舞台上的图像进行旋转变化。如图4-15所示。

7.在第5帧上，选择"选择工具"用鼠标拖动舞台上的图形向右移动一定的位置。如图4-16所示。

8.时间轴上第1帧，单击鼠标右键在弹出的快捷菜单中选择"创建补间动画"。如图4-17所示。可以看到时间轴上，从第1帧到第5帧之间会出现一个箭头，并且时间轴变成淡蓝色。如图4-18所示。

9.在第10帧添加一个关键帧，颜色高级设置如图4-19所示，并向右移动位置和做旋转变化效果。如图4-20所示。

10.在第5帧到第10帧之间按"步骤8"的方法为动画添加补间。

11.用上面相同的方法，继续做图形的色彩、旋转、移动的变化。如图4-21所示。

> 提示：关键帧位置和数量的添加根据用户自己的设计来确定，关键帧和关键帧之间的帧越长，动画运动越慢，反之越快。

12.时间轴上关键帧的添加图例如图4-22所示。

知识点：动作补间动画的条件。

构成动作补间动画的元素是元件，包括影片剪辑、图形元件、按钮、文字、位图和组合等，但不能是形状，只有把形状"组合"或者转换为"元件"后才可以做"动作补间动画"。除此之外，还必须满足以下条件：

(1) 一个动画补间动作至少要有两个关键帧；

(2) 两个关键帧中的对象必须是同一个对象；

(3) 这两个关键帧中的对象必须要有变化，否则制作的动画将没有动作变化的效果。

四、形状补间动画

形状补间动画与动作补间动画的制作类似，形状补间动画的实现只需要创建关键帧上的不同形状的对

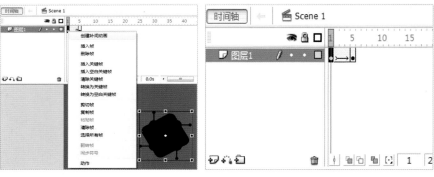

图4-17　　　　　　　　　　图4-18

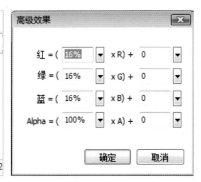

图4-19

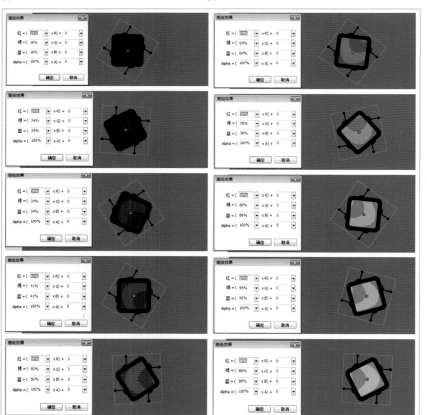

图4-21

图4-20

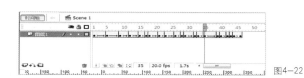

图4-22

象即可。所不同的是：创建形状补间动画的方法只有一种，只能通过"属性"面板创建。下面我们通过这个动画实例来了解形状补间动画的制作方法及原理。

> 提示：形状补间动画中的关键帧上的对象不能是元件或组件。如果用元件在场景中创建动画，一定要将元件打散。

五、形状补间动画的制作步骤

1.新建一个Flash文档，选择工具条中的矩形工具，当选择了矩形工具后，在属性面板中对倒角弧度进行设置，这里我们设置成"20"，如图4-23所示。

2.鼠标点击时间轴上的第1帧，在舞台上绘制一个倒角的矩形，将颜色设置如图4-24所示；用选择工具选择矩形的边框如图4-25所示；按键盘上的

图4-23

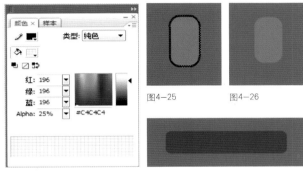

图4-24

图4-25　图4-26

图4-27

图4-28

图4-32

图4-29

图4-30

"Delete"删除矩形的边框。如图4-26所示。

3.鼠标点击时间轴上的13帧，按下F6快捷键，添加一个关键帧，在这一帧上绘制如图4-27所示的图形，图形的颜色设置如图4-28所示。

4.鼠标单击第1帧，选择属性面板中"补间"下拉列表中的"形状"如图4-29所示，可以看到时间轴上会出现淡绿色的变化。如图4-30所示。

5.在14帧的地方按下F6添加一个关键帧，在这一帧上的对象和13帧的一样，然后在31帧上添加一个关键帧如图4-31所示。

6.将31帧上的对象利用绘图工具编辑成如图4-32所示的图形。并在第13帧至31帧之间通过属性面板添加形状补间。

7.新建"图层2"，放在"图层1"的上方。在"图层2"的第15帧上绘制如图4-33所示的图像，颜色设置如图4-34所示。

8.在"图层2"28帧的地方按下F7添加一个空白关键帧，在这帧上绘制如图4-35所示的箭头图形。并在15帧和28帧之间在属性面板中为动画添加形状补间。

9.在29帧添加关键帧，帧上的对象和第28帧一样，在第36帧上添加关键帧把对象的颜色改成如图4-36所示的颜色。并在29帧和36帧之间通过"属性面板"添加形状补间。

10.新建"图层3"，位于图层1、2的上面，在

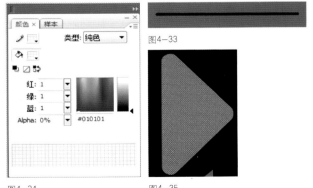

图4-33

图4-34　图4-35

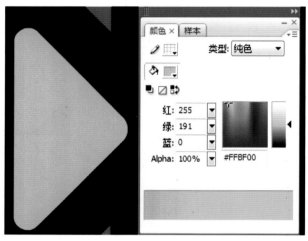

图4—36

图4—37

图4—38　　　　图4—40

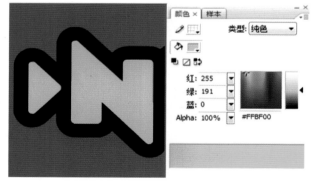

图4—39

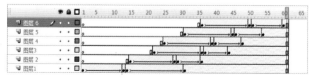

图4—41

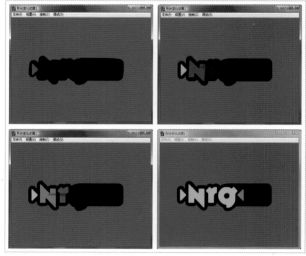

图4—42

时间轴的22帧的位置添加关键帧，在舞台上绘制如图4—37所示的图形。

11.在"图层3"36帧的地方按下F7添加一个空白关键帧，选择文字工具在舞台上输入英文字母"N"，选择好合适的字体后，按Ctrl+B将字母打散成图形格式，如图4—38所示的字母图形。并在22帧和36帧之间为动画添加形状补间。

12.在37帧的位置添加关键帧，使37帧上的图形和36帧上的图形一样，然后再在44帧的位置按下F7插入空白关键帧，将字母图形的颜色修改为如图4—39所示。

13.按上面制作"N"图形形变动画的制作方法来制作"r"、"d"的形变动画，制作出来的效果如图4—40所示。

14.动画完成后时间轴上的帧显示如图4—41所示。

15.最后，按Ctrl+Enter组合键，测试动画如图4—42所示。

第三节 //// 引导层动画及应用

一、引导层动画原理

要让一个物体做曲线运动，可能要一帧一帧的制作来实现最终的效果。但在Flash中可以利用引导层来指定物体运动的方向。使一个或多个对象沿同一条路径运动的动画形式被称为"引导路径动画"。

二、本例制作思路

通过本例的学习，读者要理解"路径引导层"的运用，能熟练制作路径跟随动画。

三、制作步骤

1.新建一个Flash文档，单击"属性"面板中"大小"右边的按钮 `550 x 400 像素`，弹出"文档属性"对话框如图4－43所示，设置"尺寸"为900px×390px，"背景颜色"设置成白色，"帧频"设置为24fps。

> 提示："帧频"是动画播放的速度，以每秒播放的帧数为单位。帧频太慢会使动画看起来一帧一帧的，帧频太快会使动画的细节变得模糊。在web上，每秒12帧的帧频通常会得到最佳的效果。但是标准的运动图像速度是24帧/秒。

2.执行"文件/导入/导入到库"命令，将事先制作好的"彩条"和"彩球"以及"背景线条"位图导入到库中。如图4－44所示。

3.新建一个影片剪辑元件。命名为"彩条动画"，进入该元件的编辑状态，在图层1上将库中四种颜色的彩条拖到编辑区，摆放成如图4－45所示的样式，并在每条彩条上点击鼠标右键，在弹出的快捷菜单中选择"转换为元件"的命令，将图层1的彩条转换

为图形元件。

4.新建图层2，命名为"绿球"，在这个图层上的第一帧将库中的"绿球图"拖到舞台上如图4－46所示的位置，并转换为图形元件。

5.鼠标点击时间轴上的 新建一个引导层，放在"绿球"图层的上面，命名为"绿球引导"，在该图层的第一帧上用 工具，将颜色设置成黑色，在舞台上绘制与绿色彩条相同弧度的线条。如图4－47所示。

6.在时间轴上"绿球引导"层上，将红色的帧头放到第141帧上，按下F5快捷键将帧延长至141帧的位置。在"绿球"图层的时间轴上，将红色帧头也放到141帧上，按下F6在141帧的位置上添加一个关键帧，添加帧和关键帧后时间轴上的效果。如图4－48所示。

7.将红色帧头放到时间轴的第一帧，选择工具条中

图4－43

图4－44

图4－45　　　　　　　　图4－46

图4－47

的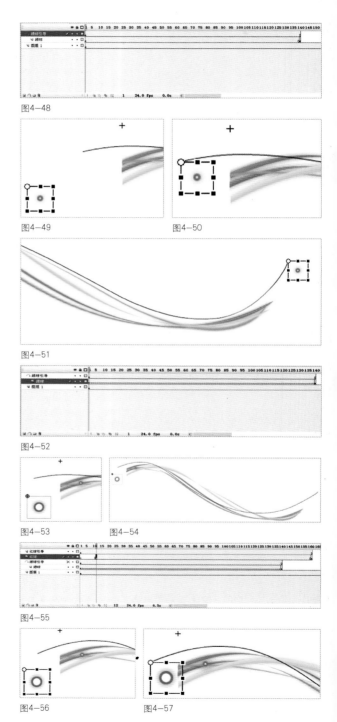，点击舞台上的绿球图形，图形的边缘会出现八个小黑点，将图形缩小到想要的效果，然后把图中心的小圆圈拖到左上角的小黑点处，如图4－49所示，并将图形的圆点放到引导线的起始点上，如图4－50所示。

8.将红色帧头放到第141帧的位置，选择工具条中的，点击并拖动舞台上的绿球图形到引导线的结束点，使小圆点对齐引导线的末端。如图4－51所示。

9.在时间轴上"绿球层"的第一帧点击鼠标右键，在弹出的快捷菜单中选择"创建补间动画"，这时会看到时间轴上出现如图4－52所示的效果。

10.再新建一个图层，位于"绿球引导层"的上方，命名为"红球"，在这个图层的第12帧处按下F6添加一个关键帧，将库中的红球位图拖到舞台上如图4－53所示的位置。并将位图转换成图形元件，然后再缩放到需要的大小。

11.鼠标点击时间轴上的新建一个引导层，放在"红球"图层的上面，命名为"红球引导"，在该图层的第一帧上选择工具，将颜色设置成黑色，在舞台上绘制与红色彩条相同弧度的线条。如图4－54所示。

12.在时间轴上"红球引导"层上，在该层鼠标点击162帧，按下F5快捷键将帧延长至该位置。在"红球"图层上，鼠标点击162帧，按下F6在该帧处添加一个关键帧，添加帧和关键帧后时间轴上的效果如图4－55所示。

13.鼠标点击"红球"图层的第12帧，选择工具条中的，点击舞台上的红球图形，图形的边缘会出现八个小黑点，然后把图中心的小圆圈拖到左上角的小黑点处，如图4－56所示，并将图形的圆点放到引导线的起始点上，如图4－57所示。

14.将红色帧头放到第162帧的位置，选择工具条中的，点击并拖动舞台上的红球图形到引导线的结束点，使小圆点对齐引导线的末端，如图4－58所示。

15.在时间轴上"红球层"的第一帧点击鼠标右

图4-48

图4-49　　　　图4-50

图4-51

图4-52

图4-53　　　　图4-54

图4-55

图4-56　　　　图4-57

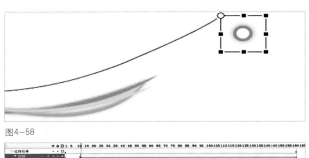

图4-58

图4-59

图4-60

键，在弹出的快捷菜单中选择"创建补间动画"，这时会看到时间轴上出现如图4-59所示的效果。

16．按照以上制作绿球和红球沿着曲线运动的制作方法来制作蓝球和黄球的引导动画，最终制作出来后时间轴效果如图4-60所示。

17．鼠标点击 场景1 进入场景中的编辑状态，将图层1命名为"背景"，再新建一个图层位于背景图层的上方，命名为"彩条动画"。如图4-61所示。

18．然后将库中命名为"彩条动画"的影片剪辑和"背景"命名的位图分别拖入到相应的图层上，并将"背景"图转换成图形元件。如图4-62所示。

19．按下键盘上的"Ctrl＋Enter"组合键，导出影片，如图4-63所示。

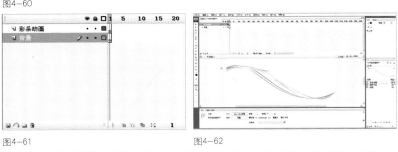

图4-61   图4-62

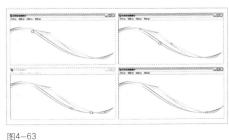

图4-63

第四节 ///// 遮罩动画及应用

一、遮罩动画原理

遮罩动画的原理就是将某层作为遮罩，遮罩层下的一层是被遮罩层，遮罩项目像个窗口，透过它可以看到位于它下面的连接层区域，除了透过遮罩项目显示的内容外，其余的所有内容都被遮罩层的其余部分隐藏起来。

遮罩项目可以是填充的形状、文字本身、图形元件实例和影片剪辑。一个遮罩层只能含有一个遮罩项目，按钮内不可以有遮罩层，也不能将一个遮罩用于另一个遮罩。

二、制作思路

通过本例的学习，读者要能熟练制作遮罩动画，理解影片剪辑在遮罩动画中的作用。

> 提示：要创建动态效果，可以让遮罩层动起来。对于用做遮罩的填充形状，可以使用补间形状。对于文字对象、图形实例或影片剪辑，可以使用补间动画。当使用影片剪辑实例作为遮罩时，可以让遮罩沿着运动路径运动。

三、制作步骤

1．新建一个Flash文档，单击"属性"面板上"大小"右边的按钮 <u>550 × 400 像素</u> ，弹出"文档属性"对话框，如图4-64所示，设置"尺寸"为600px×80px，"背景颜色"设置成白色，"帧频"设置为12fps。

2．执行弹出"文件/导入/导入到库"导入一张制作好的位图素材如图4-65，选择"插入/新建元件"命令，弹出"创建新元件"对话框，设置元件"类型"为"图形"名称为"导航条"。如图4-66所示。

3．将库中的位图文件拖到元件图层1中的舞台上，并转换成图形元件命名为"纸条"，再新建一个"图层2"，在"图层2"上选择工具条上的 **T**，输入如图4-67所示的文字内容。

4．再新建一个图形元件命名为"纸卷"，进入元件的编辑状态，在"图层1"中，选择工具条中的 ▭，绘制一个长方形，倒角的弧度在"属性"面板中设置，进行色彩渐变填充，然后选择 ▱ 工具，把矩形上方的弧形擦去一部分，如图4-68所示。

5．新建"图层2"位于"图层1"的上方，在该图层的舞台上绘制如图4-69所示的图形，并将"图层2"上的图形摆放到如图4-70所示的位置。

6．再新建一个图形元件，命名为"标题"，进入该元件的编辑状态，选择 **T** 工具，在舞台上输入文字，再绘制一个三角形的箭头放到文字的右边，如图4-71所示。

7．鼠标点击"场景1"按钮，进入该场景的编辑状态，把"图层1"的名称改为"导航条"，将库中的"导航条"图形元件拖到舞台的正中间，如图4-72所示。

8．新建"图层2""图层3" 分别命名为和"标题"，在"纸卷"图层中将库中的"纸卷"元件拖到舞台上，在"标题"图层中将库中的

图4-64

图4-65　导入的图片

图4-66　创建新元件

图4-67

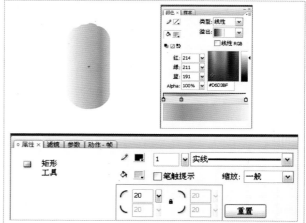

图4-68

图4-69　　　　图4-70　　　　图4-71

图4-72

图4-73

图4—74

图4—75

图4—76

图4—77

图4—78

图4—79

"标题"元件拖到舞台上，放置到如图4－73所示的位置。

9.分别选中"导航条"图层和"标题"图层的第55帧，按下F5，将帧延长至此处，然后再选中"纸卷"图层的第55帧，按下F6，在此处添加一个关键帧，时间轴上效果如图4－74所示。

10.选中"纸卷"图层的第55帧，将这一帧上的图形向右移动并通过 工具压窄，如图4－75所示，然后选中"纸卷"图层的第1帧，点击鼠标右键在弹出的快捷菜单中选择"创建补间动画"。

11.再新建一个图层，放于"导航条"图层之上、"纸卷"图层之下，命名为"遮罩"。在该图层中的第1帧用 工具，绘制如图4－76所示的图形。

12.在"遮罩"图层的第55帧按下F6添加一个关键帧，用 工具将55帧上的图形向右拉长到如图4－77所示的效果。然后选择该图层上的第1帧，在"属性"面板上"补间"选项中选择"形状"。最后，鼠标在"遮罩"图层上点击右键，在弹出的快捷菜单中选择"遮罩层"。时间轴上最后的效果如图4－78所示。

13.按下"Ctrl＋Enter"组合键，预览动画如图4－79所示。

[复习参考题]

◎ 制作一个逐帧动画。
◎ 制作一个补间动画。
◎ 制作一个引导层动画。
◎ 制作一个遮罩动画。

第五章 文字动画制作

YINGXIANGHAIWAN
GAR

本章重点

一、运动补间动画的应用

二、掌握文字光影效果动画的制作方法

三、掌握文字层级动画的制作方法

学习目标

文字动画在Flash动画中应用非常广泛，所以要求读者了解并掌握文字动画效果的制作方法。掌握文字动画中淡入淡出的方法和流程，其中要能熟练设置元件的Alpha属性值。通过本章的学习，读者可以灵活地将各种文字效果应用到动画的制作中。

建议学时

6学时。

第五章　文字动画制作

第一节 //// 制作文字出场、入场动画

文本动画在Flash中占有重要的地位，丰富的文本动画可以突出动画的主题。其中文本的出场、入场效果的好坏直接影响到动画的效果。

一、制作思路

文本出场、入场动画的制作方法很多，基本都是通过Flash的补间动画完成的。在文本动画制作过程中配合元件的Alpha属性设置和位置、大小的变化，可以制作出各种不同的出场、入场动画。

二、制作步骤

1. 新建一个Flash文档，单击"属性"面板上"大小"右边的按钮 `550 × 400 像素` ，弹出"文档属性"对话框，如图5-1所示，设置"尺寸"为590px×105px，"背景颜色"设置成黑色，"帧频"设置为12fps。

2. 新建图形元件，命名为"背景"，选择"文件/导入/导入到舞台"，导入一张制作好的背景图片，如图5-2所示。

3. 新建图形元件，命名为"logo"，进入元件编辑状态，选择工具条中的绘图工具绘制如图5-3所示的标志图形。

4. 新建图形元件，命名为"屏幕"，选择工具条中的绘图工具，绘制如图5-4所示的图形。

图5-1

图5-2

图5-3

图5-4

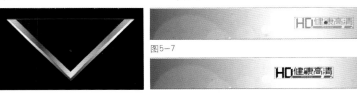

图5-7

图5-8

图5-5

图5-6

图5-9

图5-10

图5-11

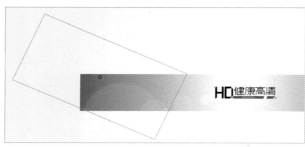

图5-12

图5-13

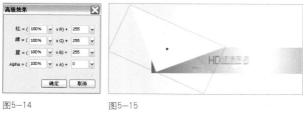

图5-14　　　　图5-15

图5-16

5.分别新建如图5-5、图5-6所示的图形元件。

6.鼠标点击"场景1"按钮,进入场景编辑状态,"图层1"的名称改为"背景",将库中的"背景"元件拖入"背景图层"中,并调整位置、大小。

7.新建图层,命名为"健康高清",在该图层的第10帧按下F6添加关键帧,将库中的"健康高清"元件拖入该帧中的舞台上,并调整位置,然后设置"属性"面板中的"Alpha"值为"40%",如图5-7所示。

8.在第15帧的位置按下F6添加关键帧,将该帧上的图形向左移动,并调整"属性"面板中的"颜色"设置为"无",如图5-8所示。

9.在第52帧的位置按下F6添加关键帧,将该帧上的图形向左移动到如图5-9所示的位置。

10.在第59帧的位置按下F6添加关键帧,将该帧上的图形向左移动,并设置"属性"面板中的"Alpha"值为"0%",如图5-10所示。

11.在每个关键帧之间创建补间动画,时间轴效果如图5-11所示。

12.新建图层,命名为"屏幕大",在该图层的第15帧按下F6添加关键帧,将库中的"屏幕大"元件拖入该帧中的舞台上,并调整位置,然后设置"属性"面板中的"Alpha"值为"0%",如图5-12所示。

13.分别在第42、52、57帧的位置添加关键帧,将第42帧中的图形向右移动,设置"属性"面板中的"颜色"为"无",如图5-13所示。将第57帧中的图形设置"属性"面板中的"颜色"为"高级",鼠标点击右边的"设置"按钮,弹出"高级效果"对话框,如图5-14所示进行设置,设置后的效果如图5-15所示。

14.在第15帧与42帧之间、第52与57帧之间创建补间动画,在第62帧的位置按下F5,将帧延长至62帧处。时间轴效果如图5-16所示。

15.新建图层,命名为"108i",在第63帧的位置按下F6添加关键帧,将库中的"108i"元件拖入到该帧中的舞台上,并调整位置、大小,如图5-17所示。

图5-17

图5-18

图5-19

图5-20

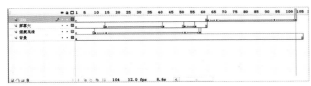

图5-21

图5-22

图5-23

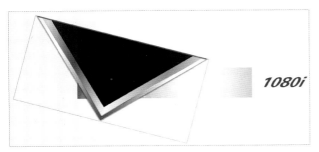

图5-24

16.分别在第67、94、104帧按下F6添加关键帧，将第67帧中的图形向左移动到如图5－18所示的位置。将第94帧中的图形向左移动到如图5－19所示的位置。将第104帧中的图形向左移动到如图5－20所示的位置。并将每个关键帧之间创建补间动画，时间轴效果如图5－21所示。

17.新建图层，命名为"屏幕大2"，复制"屏幕大"图层的第57帧，粘贴在"屏幕大2"图层的第57帧的位置，分别在第62、63帧的位置按下F6添加关键帧，将62帧中的图形放大、旋转，并设置"属性"面板中的"颜色"为"高级"，点开"高级效果"对话框设置如图5－22所示，设置后的效果如图5－23所示。将63帧中的图形放大，设置"属性"面板中的"颜色"为"无"，效果如图5－24所示。在57帧与62帧之间创建补间动画，并将帧延长至107帧的位置，时间轴效果如图5－25所示。

18.新建图层，命名为"边框"，为舞台的边绘制一个黑色的边框，将库中的"logo"元件拖入舞台上，如图5－26所示的位置。时间轴效果如图5－27所示。

19.按下"Ctrl＋Enter"组合键，预览动画，如图5－28所示。

图5-25

图5-26

图5-27

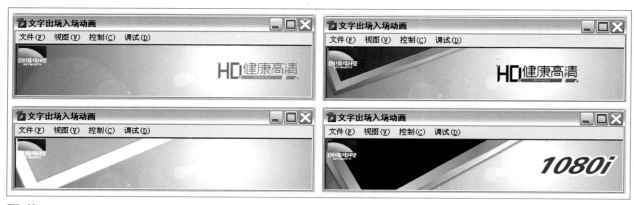

图5-28

第二节 ///// 制作文字光影动画效果

光影动画在Flash动画中是经常出现的，如发光、闪光、闪电等效果都是光影的表现手法。

一、制作思路

Flash中制作光影效果的方法很多，但基本的方法都是利用补间动画配合图层的层叠及遮罩的方法制作出来的，本例中利用图层遮罩的方法制作光影效果。

二、制作步骤

1.新建一个Flash文档，单击"属性"面板上"大小"右边的按钮 550 x 400 像素 ，弹出"文档属性"对话框，如图5-29所示，设置"尺寸"为280px×300px，"背景颜色"设置成黑色，"帧频"设置为12fps。

2.新建图形元件，命名为"文字"，进入元件编辑状态，选择工具条中的绘图工具，绘制如图5-30所示的文字图形，文字颜色设置成白色。

3.再新建图形元件，命名为"遮罩"，进入元件编辑状态，选择工具条中的 工具，在舞台上绘制圆形，在"混色器"中设置放射状渐变色，如图5-31所示，填充后的效果如图5-32所示。

提示：为图像填充渐变颜色的时候，按下Shift键的同时拖动鼠标，可以保证渐变颜色的均匀。

4.然后将绘制好的单元图形进行复制、粘贴、旋转、变形处理，最后形成如图5-33所示的图形。

5.鼠标点击"场景1"，进入"场景1"编辑状态，在"图层1"的第1帧上将库中的"遮罩"拖到舞台上，放置在如图5-34所示的位置。

6.新建"图层2"，位于"图层1"的上方，在"图层2"的第1帧，将库中的"文字"元件拖入舞台上，放置在如图5-35所示的位置。

7.鼠标点击"图层1"的第150帧，在150帧处按下F6添加关键帧，将这帧上的图像向上移动至如图5-36

图5-29

图5-30

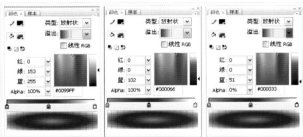

图5-31

图5-32　　　　　　图5-33

图5-34　　　　　　图5-35

所示的位置。然后在时间轴上第1帧点击鼠标右键，在弹出的快捷菜单中选择"创建补间动画"。

8.鼠标点击"图层2"的第150帧，按下F5将帧延长至150帧，延长后舞台上的效果如图5-37所示，时间轴的效果如图5-38所示。

9.在"图层2"上点击鼠标右键，在弹出的快捷菜单中选择"遮罩层"命令。时间轴的效果如图5-39所示，舞台上图像效果如图5-40所示。

10.最后按下"Ctrl+Entel"组合键，预览动画，效果如图5-41所示。

图5-39

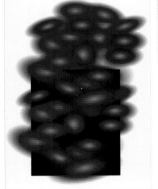

图5-36　　　　　　图5-37

图5-38

图5-40

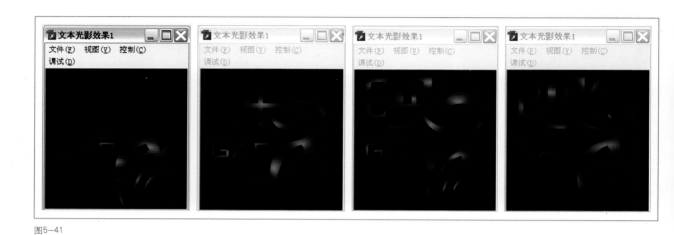

图5-41

第三节 ///// 制作文字层级动画效果

　　Flash中常常有利用文本在不同层中制作文本逐渐出场的效果，这种效果对表现动画的主题很有用。

一、制作思路

　　文本层级效果主要是将文本分离成单个图形元件，并分别置于不同的层中，然后利用补间动画分别制作文本淡出效果。

二、制作步骤

　　1.新建一个Flash文档，单击"属性"面板上"大小"右边的按钮 550 x 400 像素 ，弹出"文档属性"对话框，如图5-42所示，设置"尺寸"为807px×322px，"背景颜色"设置成黑色，"帧频"设置为12fps。

　　2.选择"文件/导入/导入到库"，导入一张制作好了的背景图片，然后在"图层1"的第1帧，将导入到库中的位图拖到舞台上。如图5-43。

　　3.新建图形元件，命名为"圆形-蓝色"，进入元件编辑状态，单击工具条中的 ，设置"填充色"

为#3399FF，在舞台上绘制一个圆形。然后再设置"填充色"为白色，在蓝色的圆上再绘制一个比它小点的白色的圆形，单击白色圆形，按Delete键删除，得到圆环图形。效果如图5-44。单击工具条中的 工具，在元件舞台中绘制一个如图5-45所示图形。

　　4.单击工具条中的"套索工具" ，单击下面的"多边形模式" ，修改图形，效果如图5-46所示。

　　5.按照步骤3-4的方法依次制作其他几个图形元件，效果如图5-47所示，并依次将元件命名为"圆形-黄色"、"圆形-绿色"、"圆形-红色"、"圆

图5-42　　　　　图5-43

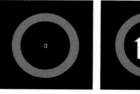

图5-44　　　　　图5-45　　　　　图5-46

图5-47

图5-48

图5-49

图5-50

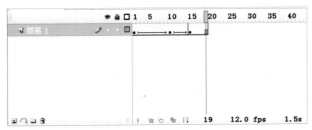

图5-51

形-青色"、"圆形-橙色"。

6.新建影片剪辑元件,命名为"圆形动画",进入元件编辑状态,单击时间轴的第1帧位置,将库中的元件"圆形-蓝色"拖入到舞台上,并调整位置,如图5-48所示。单击时间轴第10帧处,按下F6添加关键帧,将这帧中的元件实例向左移动到如图5-49所示的位置。

7.单击时间轴的第15帧位置,按下F6添加关键帧,将该帧中的元件向右移动到如图5-50所示的位置。分别设置第1帧到10帧之间的补间动画,在"属性"面板中设置"旋转选项"为"顺时针","选择数"为"3"次,最后在第15帧的位置按下F5,将帧延长至此。时间轴效果如图5-51所示。

8.新建"图层2",单击时间轴的第15帧处,按下F6添加关键帧。将库中的元件"圆形-黄色",拖入到舞台,并调整位置,使其与"图层1"相同帧中的元件对齐,如图5-52所示。单击时间轴第19帧处,将元件向右移动到如图5-53所示的位置。

9.按照步骤8的方法,依次将其他几个圆形元件添加到元件舞台中,效果如图5-54所示。然后,添加"图层7",在该层上的第19帧处添加关键帧,并在该帧上点击鼠标右键,在弹出的快捷菜单中选择"动作",在弹出"动作-帧"面板中输入"stop();"代码,时间轴效果如图5-55所示。

10.新建影片剪辑元件,命名为"文字动画",进入元件编辑状态,单击工具条中的"文本工具"**T**,在元件的舞台上输入如图5-56所示文本。文本属性设置如图5-57所示。

11.连续两次按下Ctrl+B键,将文字分离成图形,并分别选中单个文字,按下F8键转换为"图形"元件,效果如图5-58所示。在文字上单击鼠标右键,在弹出的快捷菜单中选中"分散到图层"命令,如图5-59所示。

图5-52

图5-53

图5-54

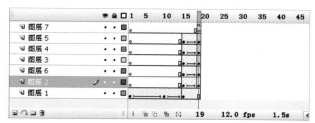

图5-55

图5-56

图5-57

12.删除多余的图层，时间轴效果如图5-60所示。单击"a"图层时间轴第30帧处，按下F6添加关键帧。单击工具条中的 🔲 ，对元件大小、位置、旋转做修改，并在"属性"面板中的"颜色"下拉列表中选择Alpha值为0%，如图5-61所示。

图5-58

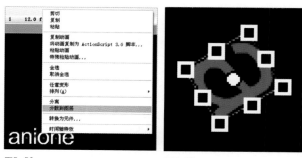

图5-59　　　　　图5-60

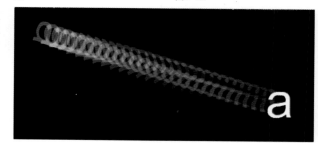

图5-61

图5-62

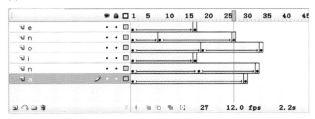

图5-63

图5-64

图5-65

图5-66

13.用步骤12的方法制作其他文本元件的动画，完成效果如图5-62所示。时间轴效果如图5-63所示。

14.新建影片剪辑元件，命名为"文字动画1"，进入元件编辑状态，在"图层1"将库中的"文本动画"元件拖入到舞台上，并调整位置，如图5-64所示。

15.分别在时间轴的第6、48、54帧按下F6添加关键帧。分别设置第1帧、54帧中的元件Alpha值为0%。并分别在第1帧和6帧之间、48帧与54帧之间"创建补间动画"，时间轴效果如图5-65所示。

16.新建"图层2"，将库中元件"文字动画"拖入到舞台，并调整位置、大小。如图5-66所示。并用步骤14的方法制作动画元件，时间轴效果如图5-67。

17.单击"场景1"按钮，进入场景编辑状态，新建"图层2"，将库中"圆形动画"元件拖入舞台，并调整大小位置，如图5-68所示。将"图层1"、"图层2"的帧延长至88帧的位置，时间轴效果如图5-69所示。

18.新建"图层3"，在该层的第29帧处，按下F6添加关键帧，将库中的"文字动画1"拖入到舞台上，并调整位置、大小，如图5-70所示。单击时间轴88帧处，按下F5将帧延长至此，时间轴效果如图5-71所示。

19.新建"图层4"，单击第88帧处，按下F6添加关键帧，在该帧，点击鼠标右键选择"动作"命令，在弹出的"动作-帧"面板中输入"stop();"代码。

20.按下"Ctrl+Enter"组合键，预览动画，如图5-72所示。

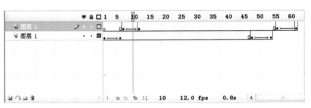

图5-67

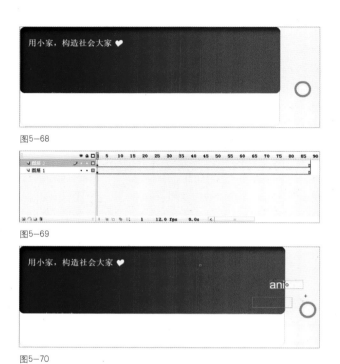

图5—68

图5—69

图5—70

图5—71

图5—72

[复习参考题]

◎ 把文字动画的效果灵活应用到动画制作中制作，制作一个用文字效果的动画。

第六章 按钮动画制作

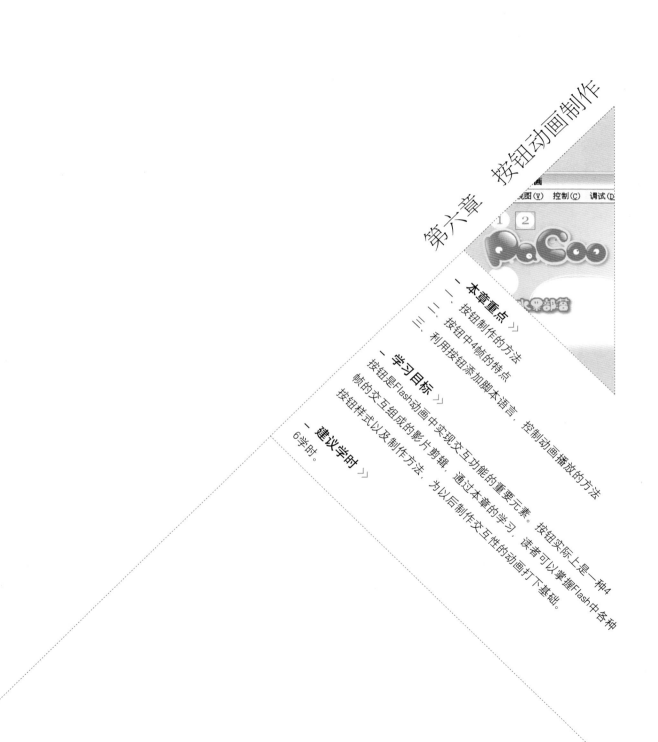

一、本章重点 》

一、按钮制作的方法

二、按钮中4帧的特点

三、利用按钮添加脚本语言，控制动画播放的方法

二、学习目标 》

按钮是Flash动画中实现交互功能的重要元素。按钮实际上是一种4帧的交互组成的影片剪辑，通过本章的学习，读者可以掌握Flash中各种按钮样式以及制作方法，为以后制作交互性的动画打下基础。

三、建议学时 》

6学时。

第六章　按钮动画制作

第一节 ////// 水晶按钮动画效果

在Flash中制作一些水晶按钮效果，常常可以增加动画的美观性。

一、制作思路

Flash中制作水晶按钮效果的方法很多，可以通过使用绘图工具绘制出高光的形状，通过在按钮的不同状态绘制不同的图形，就可以完成一个水晶按钮的绘制。

二、制作步骤

1.新建一个Flash文档，单击"属性"面板上"大小"右边的按钮 550 x 400 像素 ，弹出"文档属性"对话框，如图6-1所示，设置"尺寸"为600px×150px，"背景颜色"设置成白色，"帧频"设置为50fps。

2.选择"文件/导入/导入到库"命令，导入两张制作好的图片。如图6-2所示。

> 提示：图片可以在Flash里绘制，也可以通过其他绘图软件制作，然后再导入到Flash里制作动画。

3.新建图形元件，命名为"01"，进入元件编辑状态，选择工具条中的 🖊 工具，绘制如图6-3所示的图形。

4.分别新建图形元件，命名为"02"、"03"、"04"、"05"，在各自的元件里按照步骤3的方法绘制如图6-4所示的图形。

5.新建图形元件，命名为"文字01"，进入元件编辑状态，选择工具条中的 **T** 工具，在元件舞台中，输入如图6-5所示的文字，颜色设置为#FF3399。

6.按照步骤5的方法，分别新建元件为"文字02"、"文字03"、"文字04"、"文字05"，在各

图6-1

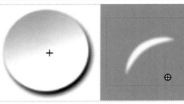

图6-2

图6-3

图6-4

图6-5

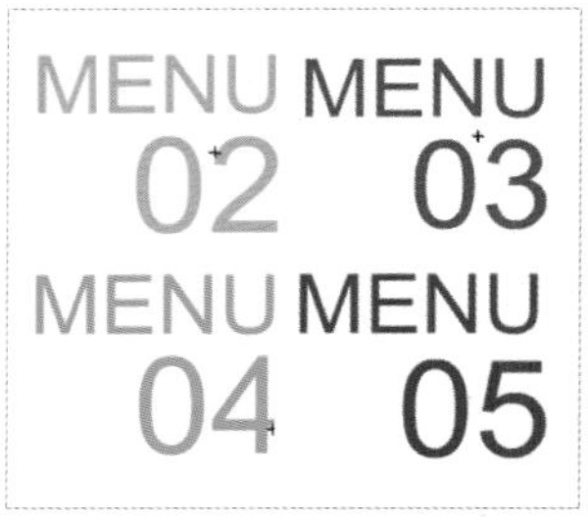

图6-6

个元件中输入相对应的文字，效果如图6-6所示。

7.新建按钮元件，命名为"隐形按钮"，如图6-7所示。进入按钮元件编辑状态，将时间轴上的"弹起"、"指针经过"、"按下"都设置为空白关键帧，在"点击"帧出，选择工具条中的 ⬭ 工具，绘制一个圆形。如图6-8所示。

8.新建影片剪辑元件，命名为"动画1"，进入元件编辑状态，将导入到库中的圆形位图拖入舞台中，并按下F8转换为图形元件，将"图层1"的帧延长至第25帧。

图6-7

图6-8

图6-9　　　　图6-10　　　　图6-11

图6-12

图6-13　　　　　　　图6-15

图6-14

9.新建"图层2"，位于"图层1"的上方。将导入到库中的小半圆位图拖入舞台中，并调整位置、大小，如图6-9所示。按下F8转换为图形元件，将"图层2"的帧延长至第25帧。

10.新建"图层3"，位于"图层2"的上方。将库中的"文字01"元件拖入到舞台中，并调整大小、位置，如图6-10所示。

11.分别在该层的第13帧和25帧，按下F6添加关键帧，将第1帧和25帧中的图形缩小，并在"属性"面板中的"颜色"下拉列表中选择Alpha值为0%，如图6-11所示。在第1帧与13帧之间、13帧与25帧之间创建补间动画，时间轴效果如图6-12所示。

12.新建"图层4"，位于"图层3"的上方。将库中的"01元件"拖入到舞台中，并调整位置、大小，如图6-13所示。

13.分别在该层的第13帧和25帧，按下F6添加关键帧，将第13帧中的图形缩小，并在"属性"面板中的"颜色"下拉列表中选择Alpha值为0%，在第1帧与13帧之间、13帧与25帧之间创建补间动画，时间轴效果如图6-14所示。

14.新建"图层5"，位于"图层4"的上方。将库中的"隐形按钮"拖入到舞台中，并调整位置、大小，使其与"图层1"的圆形重合，如图6-15所示。

> 提示：当把隐形按钮拖入"场景"后，将显示为透明绿色的形状，在预览影片的时候这个按钮是看不到的，所以叫做"隐形按钮"。

15.新建"图层6"，位于"图层5"的上方。这一层是专门用来写"Action Spript"脚本的图层，第13帧处添加关键帧，分别在第1帧和13帧处点击鼠标右键，弹出的快捷菜单中选择"动作"命令，在弹出的"动作－帧"面板中输入"stop();"代码，在时间轴上会出现"a"这个图标，时间轴效果如图6-16所示。

16.选择"图层5"上的按钮，鼠标点击右键，弹出的快捷菜单中选择"动作"命令，在弹出的"动作－帧"面板中输入如下代码，

```
on (rollOver)
{
    gotoAndPlay(1);  //当鼠标滑过时，播放时间轴的第1帧
}
```

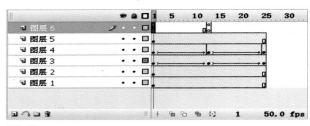

图6—16

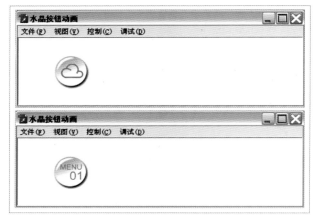

图6—17

图6—18

on (rollOut)

{

　　gotoAndPlay(14); //当鼠标滑离时，播放时间轴的第14帧

}

17.鼠标点击"场景1"按钮，进入"场景1"的编辑状态，将库中的"动画1"拖入到舞台中，按下"Ctrl＋Enter"组合键预览动画，如图6－17所示。

18.按照步骤8至步骤17的方法，制作其他几个水晶按钮动画，完成后效果如图6－18所示，时间轴如图6－19所示。

图6—19

第二节 ///// 按钮控制动画效果

Flash动画的最大特点就是时时交互性，就是用户可以通过按钮控制动画的播放、连接、下载等功能，其中按钮对动画的控制起关键的作用。

一、制作思路

要实现好的按钮控制效果，首先要注意场景中素材动画的准备，其次要熟练掌握控制按钮播放的各种

Action Script脚本语言。下面这个例子是通过按钮来控制两个动画的播放。

二、制作步骤

1.新建一个Flash文档，单击"属性"面板上"大小"右边的按钮 550×400 像素 ，弹出"文档属性"对话框，如图6－20所示，设置"尺寸"为500px×300px，"背景颜色"设置成白色，"帧频"设置为12fps。

2.新建按钮元件，命名为"按钮1"，进入按钮元

件的编辑状态，选择工具条中的  工具，在舞台上绘制一个大圆和一个小圆，将小圆重叠在大圆上，颜色填充为#FFFFFF到#C3D8E9的线性渐变填充，如图6－21所示。

3.新建"图层2"，选择工具条中的**T**工具，在舞台上输入数字"1"，并调整位置，设置文字大小、字体等属性。如图6－22所示。

4.分别在两个图层点击"点击"这帧，按下F5，将帧延长至此，时间轴效果如图6－23所示。

5.按照步骤2至步骤4的方法，再制作一个按钮元件，命名为"按钮2"。如图6－24所示。

6.新建影片剪辑元件，命名为"动画1"，进入元件编辑状态，导入一个前面章节中制作好了的动画。如图6－25所示。

7.新建影片剪辑元件，命名为"动画2"，进入元件编辑状态，导入一个前面章节中制作好了的动画。如图6－26所示。

8.鼠标点击"场景1"按钮，进入场景编辑状态，将库中的"动画1"元件，拖入到"图层1"的舞台上，并调整位置，按下F5将帧延长至第69帧，时间轴效果如图6－27所示。

9.新建"图层2"，在该图层的第70帧，按下F6添加关键帧，将库中的"动画2"拖入到该帧中，并调整位置。时间轴效果如图6－28所示。

10.再新建"图层3"，将库中的"按钮1"、"按钮2"拖入到舞台上，并调整位置，如图6－29所示。

11.选择"图层3"上的"按钮1"点击右键，弹出的快捷菜单中选择"动作"命令，在弹出的"动作－

图6-20

图6-21

图6-22

图6-24

图6-23

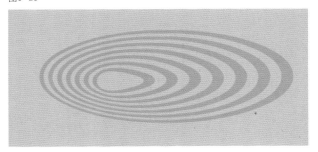

图6-25

图6-26

帧"面板中输入如下代码，

```
on (release) {
    gotoAndPlay(1);

}
```

12.选择"图层3"上的"按钮2"点击右键，弹出的快捷菜单中选择"动作"命令，在弹出的"动作－帧"面板中输入如下代码，

```
on (release) {
    gotoAndPlay(70);
```

```
}
```

13.按下"Ctrl＋Enter"组合键，预览动画，可以看到当按下"按钮1"时播放"动画1"，当按下"按钮2"时播放"动画2"，如图6－30所示。

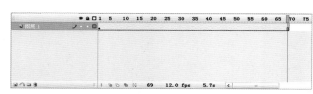

图6－27

图6－28

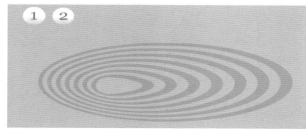

图6－29

图6－30

第三节 ///// 利用影片剪辑制作按钮动画效果

利用影片剪辑制作按钮的方法很多，影片剪辑的动画制作不同，可以制作出不同的按钮效果。

一、制作思路

利用影片剪辑制作按钮主要是让按钮产生动态的

效果，首先要制作影片剪辑的元件，然后将影片剪辑元件应用到按钮元件中，通过按钮元件的关键帧来控制按钮的动画效果。下面这个例子是文字影片剪辑元件制作出的一个幻影按钮的效果。

二、制作步骤

1.新建一个Flash文档，单击"属性"面板上"大小"右边的按钮 550×400像素，弹出"文档属性"对话框，如图6－31所示，设置"尺寸"为400px×200px，"背景颜色"设置成黑色，"帧频"设置为12fps。

图6－31

2.新建图形元件，命名为"文字"，进入元件编辑状态，选择工具条中的T工具，在舞台上输入如图6－32所示的文字，并调整位置，在"属性"面板上设置文字的字体、字号、颜色等属性。

图6－32

3.新建影片剪辑元件，命名为"文字动画1"，进入元件编辑状态，在"图层1"的第1帧中将库中的"文字"元件拖入舞台上，并调整位置、大小。

4.新建"图层2"、"图层3"，分别按照步骤3的方法将库中的"文字"元件拖入到舞台上，使其与"图层1"的文字重合，效果如图6－33所示。

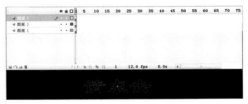

图6－33

5.分别在"图层1"的第5、10、15帧的位置按下F6添加关键帧，时间轴的效果如图6－34所示。

6.鼠标选择"图层1"第5帧中的文字，向右上角移动位置，在"属性"面板中设置"Alpha"值为"60%"，如图6－35所示。

图6－34

7.鼠标选择"图层1"第10帧中的文字，向左上角移动位置，在"属性"面板中设置"Alpha"值为"40%"，如图6－36所示。

8.鼠标选择"图层1"第15帧中的文字，向左下角移动位置，在"属性"面板中设置"Alpha"值为"60%"，如图6－37所示。

图6－35

9."图层1"的第1帧上，点击鼠标右键，在弹出的快捷菜单中选择"复制帧"命令，然后再在第20帧的位置，点击鼠标右键，在弹出的快捷菜单中选择"粘贴帧"命令，将第1帧的图形复制到第20帧，最后每个关键帧之间创建补间动画，效果如图6－38所示。

图6－36

10.按照步骤5至步骤9的方法制作"图层2"、"图层3"的效果，效果如图6－39所示。

11.新建影片剪辑元件，命名为"文字动画2"，进入元件编辑状态，将库中的"文字"元件拖入到舞台上，并调整位置、大小，如图6－40所示。

12.分别在第5、10、15、20帧的位置按下F6添加关键帧，时

图6－37

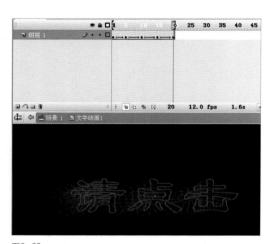

图6-38

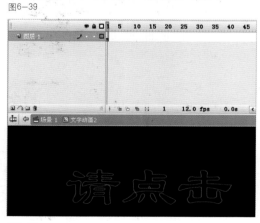

图6-39

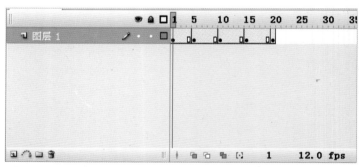

图6-40

间轴的效果如图6-41所示。

13.选中第5帧中的文字，选择工具条中的 ▣ 工具，将舞台上的文字放大，设置"属性"面板中的"Alpha"的值为"75%"，如图6-42所示。

14.选中第10帧中的文字，选择工具条中的 ▣ 工具，将舞台上的文字放大，设置"属性"面板中的"Alpha"的值为"51%"，如图6-43所示。

15.选中第15帧中的文字，选择工具条中的 ▣ 工具，将舞台上的文字放大，设置"属性"面板中的"Alpha"的值为"20%"，如图6-44所示。

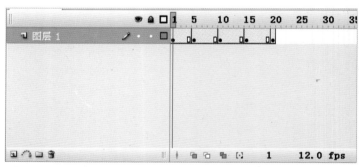

图6-41

图6-42

图6-43

图6-44

16.选中第20帧中的文字，选择工具条中的 ▣ 工具，将舞台上的文字放大，设置"属性"面板中的"Alpha"的值为"0%"，在每个关键帧之间创建补间动画，如图6－45所示。

17.按照步骤12至步骤16的方法完成"图层2"、"图层3"的效果，效果如图6－46所示。

18.新建按钮元件，命名为"按钮1"，进入按钮元件编辑状态，将库中"文字"图形元件拖入到按钮元件的"弹起"帧中，并调整位置、大小。如图6－47所示。

19.在"指针经过"的帧上按下F7添加空白关键帧，将库中的"文字动画1"元件拖入到舞台上，使其与"弹出"帧的文字重合，如图6－48所示。

20.在"按下"帧的位置按下F7添加空白关键帧，将库中的"文字动画2"元件拖入到舞台上，并调整位置、大小，使其与"指针经过"帧的文字重合。如图6－49所示。

21.在"点击"帧的位置按下F7添加空白关键帧，选择工具条中的 ▣ 工具，在舞台上绘制如图6－50所示的图形，并调整位置、大小，使其大小刚好和文字的面积一样大。

22.鼠标点击"场景1"按钮，进入场景编辑状态，将库中的"按钮1"元件拖入舞台中，并调整位置，如图6－51所示。

23.按下"Ctrl＋Enter"组合键，预览动画，如图6－52所示。

图6－46

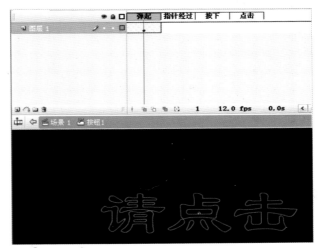

图6－47

图6－48

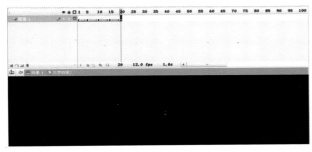

图6－45

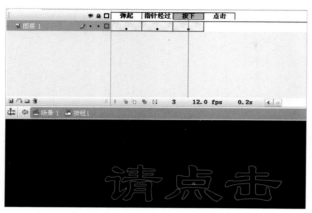

图6-49

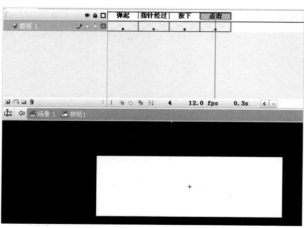

图6-50

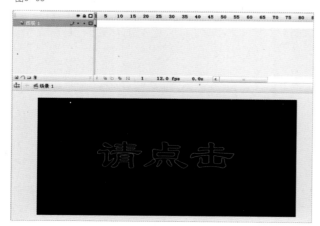

图6-51

初始状态的效果

鼠标滑过时的效果

鼠标按下时的效果

图6-52

[复习参考题]

◎ 制作一个水晶按钮。

◎ 利用影片剪辑制作按钮。

◎ 制作一个按钮控制的动画。

第七章 广告动画制作

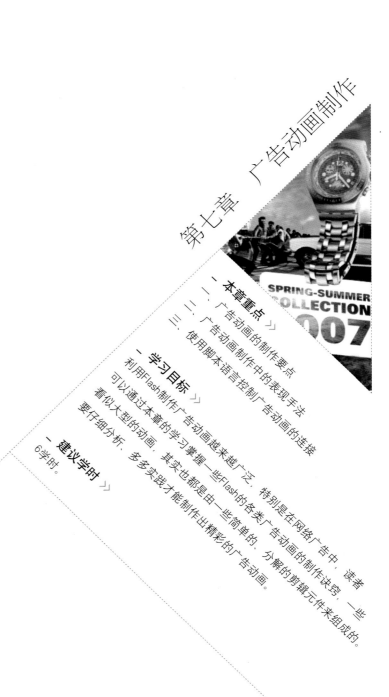

SPRING-SUMMER
COLLECTION
2007

一、本章重点 》

一、广告动画的制作要点

二、广告动画制作中的表现手法

三、使用脚本语言控制广告动画的连接

一、学习目标 》

利用Flash制作广告动画越来越广泛，特别是在网络广告中，读者一些可以通过本章的学习掌握一些Flash的各类广告动画的制作诀窍，一些看似大型的动画，其实也都是由一些简单的、分解的剪辑元件来组成的。要仔细分析，多多实践才能制作出精彩的广告动画。

一、建议学时 》

6学时。

第七章 广告动画制作

在Flash动画制作中，各种广告动画的制作也是很重要的一部分，针对不同的产品，要使用不同的广告表现方法。要注意动画的多样性及商业性，所以在制作各种广告动画前要做好充分的准备。

第一节 ///// 网络广告条动画制作

一、制作思路

网络广告条制作起来相对复杂，一般会综合利用各种动画类型，首先要将动画中应用到的内容制作成影片剪辑，然后再综合应用到场景中，其中常出现图层较多的情况，解决办法是：尽可能地把动画制作成影片剪辑。本例制作过程中要注意"遮罩动画"的运用。

二、制作步骤

1.新建一个Flash文档，单击"属性"面板中"大小"右边的按钮 550 x 400 像素 ，弹出"文档属性"对话框，如图7-1所示，设置"尺寸"为590px×105px，"背景颜色"设置成黑色，"帧频"设置为30fps。

2.新建图形元件，命名为"背景"，进入元件编辑状态，设置颜色为#18456B至#399AEF的线性渐变填充，选择工具条中的 工具，绘制如图7-2所示的图形。

3.选择"文件/导入/导入到库"命令，将动画所需素材导入到该文档中，并转换为图形元件，如图7-3所示。

4.新建影片剪辑元件，命名为"路"，进入元件编辑状态，将库中的"路边"图形元件拖入舞台上，并调整位置，如图7-4所示。在第5帧的位置，按下F6添加关键帧，将该帧中的图形向右移动到如图7-5所示的位置。在1帧与5帧之间创建补间动画，时间轴效果如图7-6所示。

5.新建"图层2"于"图层1"的上方，将库中的"马路"元件拖入到舞台上，并调整位置，如图7-7所示。

6.新建"图层3"，位于"图层2"的上方，选择工具条中的绘图工具，在该图层上绘制如图7-8所示的图形，并点击在该图形转换为图形元件。

图7-1

图7-2

7.鼠标在"图层3"上点击右键，在弹出的快捷菜单中选择"遮罩层"命令，将"图层1"也放入遮罩层，效果如图7－9所示，时间轴效果如图7－10所示。

8.新建图形元件，命名为"7"，进入元件编辑状态，设置颜色为＃18456B至＃399AEF的线性渐变，选择绘图工具绘制如图7－11所示的图形。

9.新建"图层2"，选择工具条中的 **T** 工具，在该图层的舞台上输入数字7，按下Ctrl＋B将文字转换成图形，并调整位置设置字体、大小，如图7－12所示。

10.新建影片剪辑元件，命名为"标志"，进入

图7－7

图7－8

图7－9

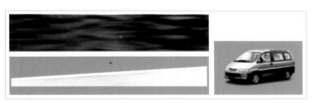

图7－3

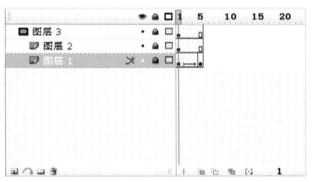

图7－10

图7－4

图7－11

图7－5

图7－12

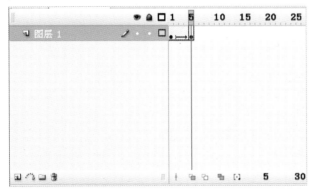

图7－6

图7－13

图7—14

图7—15

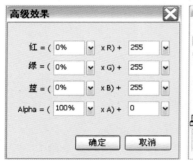

图7—16

图7—18

图7—17

图7—19

图7—20

图7—21

元件编辑状态，选择工具条中的绘图工具，绘制如图7—13所示的标志。再新建"图层2"在该图层中输入如图7—14所示的文字，调整位置和设置属性。并把"图层2"的文字转换为图形元件，命名为"文字1"。

11.新建图形元件，命名为"文字2"，进入元件编辑状态，在该图层的舞台上输入文字，并打散成图形，如图7—15所示。

12.新建影片剪辑元件，命名为"移动7"，进入元件编辑状态，将库中的"7"元件拖入舞台上。

13.新建"图层2"，将库中的"标志"、"文字2"元件拖入到该图层的舞台上，并调整位置，然后设置"标志"、"文字"元件实例的"高级效果"，参数为如图7—16所示。设置完成后的效果如图7—17所示。

14.新建图形元件，命名为"光束"，进入元件编辑状态，设置颜色为如图7—18所示的线性渐变，选择绘图工具，绘制如图7—19所示的图形。

15.鼠标点击"场景1"，进入场景编辑状态，将库中的"背景"元件拖入舞台上，并调整位置、大小，如图7—20所示。

16.新建图层，命名为"移动7"，位于"背景层"的上方，将库中的"移动7"拖入到舞台上，并调整到如图7—21所示的位置。

17.在第17帧的位置按下F6添加关键帧，将这帧中的图形向左移动到如图7—22所示的位置，在24帧的位置添加关键帧，在39帧的位置添加关键帧，将这帧中的图形向右移动到如图7—23所示的位置。在268帧的位置添加关键帧。在281帧的位置添加关键帧，将这帧中的图形向左移动到如图7—24所示的位置。在291帧添加关键帧。在294添加关键帧，将这帧中的图形向右移动到如图7—25所示的位置。在300帧的位置添加关键帧，将这帧中的图形向左移动到如图7—26所示的位置。在301帧添加关键帧，将这帧上的图形向左移动到如图7—27所示的位置。

18.分别在第1帧与17、24帧与39帧、268帧与

281帧、291帧与294帧、294帧与300帧之间创建补间动画。时间轴效果如图7-28所示。

19．新建图层，命名为"路"，位于"移动7"图层的下方，在该图层第24帧的位置添加关键帧，将库中的"路"影片剪辑元件拖入到该帧中的舞台上，并设置"高级效果"为如图7-29所示。

20．分别在第40帧、210帧、223帧的位置添加关键帧，在"属性"面板中，将40帧中的图形的"颜色"设置为"无"，如图7-30所示。将第223帧中的图形按照24帧上的图形一样设置，并在第24帧与40帧、210帧与223帧之间创建补间动画，时间轴效果如图7-31所示。

21．新建图层，命名为"车"，位于"移动7"图层的下方，在第50帧的位置添加关键帧，将库中的"车"元件拖入到舞台上，如图7-32所示的位置。在"属性"面板中设置"高级效果"如图7-33所示。

22．分别在第65、91、138、144、149、153帧的位置添加关键帧，分别把这些帧中的图形作位置的移动

图7-22

图7-23

图7-24

图7-25

图7-26

图7-27

图7-28

图7-29

图7-30

图7-31

图7-32

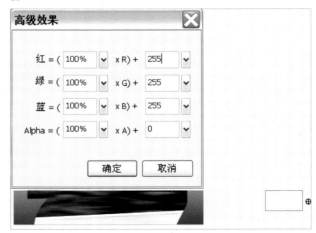

图7-33

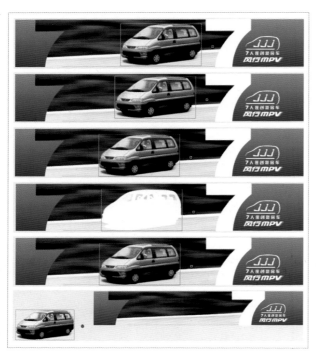

图7-34

图7-35

图7-36

图7-37

图7-38

和高级效果的设置，效果如图7-34所示。

23.分别在每个关键帧之间创建补间动画，时间轴效果如图7-35所示。

24.新建图层，命名为"文字1"，位于"车"图层的下方，在第153帧的位置添加关键帧，将库中的"文字1"元件拖入到舞台上，并调整位置，如图7-36所示。

25.分别在第163、215、221帧的位置添加关键帧，将每个关键帧上的图形作位置的移动，并在每个关键帧之间创建补间动画，如图7-37所示。

26.新建图层，命名为"光束"位于"文字1"图层的上方，在第154帧的位置添加关键帧，将库中的"光束"元件拖入到舞台中并调整位置，如图7-38所示。在第164帧的位置添加关键帧，将这帧上的图形向左移动至如图7-39所示的位置。

27.新建图层，命名为"标志"，位于"光束"图层上方，在第222帧的位置添加关键帧，将库中的"标志"元件拖入到舞台上，并调整位置，设置"高级效果"，如图7-40所示。在第230帧的位置添加关键帧，将这帧上的图形向上移动，"颜色"设置为"无"，如图7-41所示。

28.新建图层，命名为"色块"，位于"车"图层的上方，将库中的"色块"元件拖入到舞台上，并调整位置，如图7-42所示。

29.新建按钮元件，进入元件编辑状态，制作隐形按钮，如图7-43所示的方法。

30.鼠标点击"场景1"，进入场景编辑状态，新建图层，命名为"按钮"，将库中的"按钮"拖入舞台上，并调整位置、大小。如图7-44所示。

31.在按钮上点击鼠标右键，在弹出的快捷菜单中选择"动作"命令，在弹出的"动作-帧"面板中输入如下代码，

```
on (release)
{
```

图7-39

图7-40

图7-41

图7-42

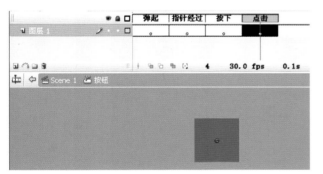

图7-43

```
    getURL(clickthru，"_blank");
}
```

32.按下"Ctrl+Enter"组合键，预览动画，如图7-45所示。

图7-44

图7-45

第二节 ///// 产品滚动动画制作

产品滚动动画的制作主要是通过动画的不断滚动，向浏览者展示不同产品的效果，既可以达到广告的目的，又可以引起浏览者的注意。

一、制作思路

本例制作，首先将各个需要的产品图片制作成一个"图形"元件，通过使用脚本语言来控制动画的连续播放。可以通过点击按钮来播放动画，也可以让动

图7-46　　　　　图7-48

图7-47

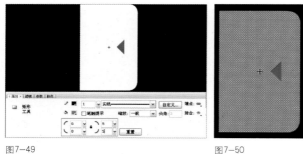

图7-49　　　　　　　　图7-50

图7-51　　　图7-52

画自动播放，当鼠标放在左边，动画就向左边播放，当鼠标放到右边，动画就向右边播放。

二、制作步骤

1.新建一个Flash文档，单击"属性"面板中"大小"右边的按钮 550 x 400 像素 ，弹出"文档属性"对话框，如图7-46所示，设置"尺寸"为688px×402px，"背景颜色"设置成黑色，"帧频"设置为30fps。

2.选择"文件/导入/导入舞台"命令，将需要的图片文件导入到该文档的库中，并转换为元件，如图7-47所示。

3.新建影片剪辑元件，命名为"按钮"，进入元件编辑状态，选择工具条中的 ◯ ，在"属性"面板中点击"选项"按钮，在弹出的"工具设置"对话框中设置"边数"为3，然后在"三角形"图层中的舞台上绘制如图7-48所示的图形，并将图形转换为图形元件。

4.新建图层，位于"三角形"图层的下方，命名为"矩形"，选择工具条中的 ▢ 工具，在"属性"面板中设置倒角的幅度，然后在舞台上绘制如图7-49所示的图形，并将图形转换为图形元件。

5.新建图层，位于"矩形"图层的上方，命名为"遮罩"，用步骤4的方法绘制相同的图形，如图7-50所示。

6.新建图层，位于"遮罩"图层的下方，命名为"红条"，选择工具条中的 ▢ 工具，绘制一个如图7-51所示的红色的条。

7.在时间轴的"遮罩"图层上点击鼠标右键，在弹出的快捷菜单中选择"遮罩层"命令。

8.新建图层，位于所有图层的下方，命名为"投影"，复制"矩形"图层的第1帧，然后粘贴在"投影"图层的第1帧，并调整"投影"图层中图形的位置，设置"高级效果"将图形设置成黑色，如图7-52所示。

9．选择"三角形"这个图层，分别在第6、14、17、20、22、23、35、42、43帧的位置添加关键帧，把每个关键帧中的三角形图形作左右的移动，效果如图7-53所示。并把时间轴上的每个关键帧之间创建补间动画，时间轴效果如图7-54所示。

10．新建"图层7"，在第6帧的位置添加关键帧，鼠标点击该帧，在"属性"面板中给帧命名为"rollover"，命名后可以看到时间轴上会有个小旗帜出现。如图7-55。

11．新建"图层8"，在该图层的第1帧和44帧的位置添加关键帧，并在这两个关键帧上点开"动作-帧"面板，在面板中输入"stop ();"代码。

12．新建按钮元件，命名为"隐形按钮"，进入元件编辑状态，分别把"弹起"、"指针经过"、"按下"帧设为空白关键帧，在"点击"帧中绘制矩形图形，如图7-56所示。

13．新建影片剪辑元件，命名为"图片按钮1"，进入元件编辑状态，将事先导入到库中的图片拖入到舞台上，如图7-57所示。

14．新建"图层2"，位于"图层1"的上方，将库中的"隐形按钮"元件拖入到舞台上，并调整大小、位置，如图7-58所示。

15．鼠标在按钮上点击右键，在弹出的快捷菜单中选择"动作"命令，在"动作-帧"面板中输入如下代码。

```
on (release)
{
    getURL(this.pfad2, "_self");
}
```

16．按照步骤13至15的方法制作其他几张图片，效果如图7-59所示。

17．新建影片剪辑元件，命名为"图片条"，进入元件编辑状态，将库中的几个"图片按钮"元件分别拖入到不同的层中，选择工具条中的✐工具，颜色设置成白色，在舞台上绘制直线，放于两张图片之间。如图7-60所示。

18．新建影片剪辑元件，命名为"按钮组合"，进入元件编辑状态，将库中的"按钮"元件拖入舞台上，在"属

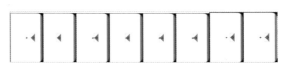

图7-53

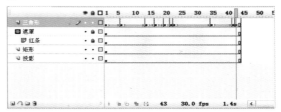

图7-54

图7-55

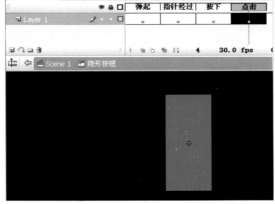

图7-56

图7-57

图7-58

图7-60

图7-59

图7-61

图7-62

图7-63

/082/

性"面板中为该元件实例命名为"link1"。再新建一个图层，将库中的"隐形按钮"拖入到舞台上，为按钮元件实例命名为"btn_li"，并调整位置，如图7-61所示。

19.鼠标在隐形按钮实例上点击右键，会弹出快捷菜单，选择"动作"命令，在弹出的"动作-帧"面板中输入如下代码，

```
on (release)
{
    _root.btn_links();
}
```

20.再新建两个图层，分别将库中的"按钮"元件和"隐形按钮"元件拖入到新建的层中，在"属性"面板中为"按钮"元件实例命名为"link2"。为"隐形按钮"元件实例命名为"btn_re"，并调整位置，如图7-62所示。选中"按钮"图层的图形，选择"修改/变形/水平翻转"命令，将图形进行水平翻转，如图7-63所示。

21.鼠标在右边的隐形按钮实例上点击右键，会弹出快捷菜单，选择"动作"命令，在弹出的"动作-帧"面板中输入如下代码，

```
on (release)
{
    _root.btn_rechts();
}
```

22.鼠标选中时间轴上最上面一层的第1帧，选择"动作"命令，在弹出的"动作-帧"面板中输入"stop();"代码。

23. 新建影片剪辑元件，命名为"脚本"，进入元件编辑状态，在"图层1"的第1帧上点击右键会弹出快捷菜单，选择"动作"命令，在弹出的"动作-帧"面板中输入如下代码，

```
this.textpreloader.restrict = "0-9";
this._visible = false;
this.onEnterFrame = function ()
{
    var _loc1 = this;
    var _loc2 = _root;
    total = _loc2.getBytesTotal();
    jetzt = _loc2.getBytesLoaded();
    geladen = jetzt / total * 100;
    prozent = Math.round(geladen);
    _loc1.pro = prozent;
    _loc1.loadbar.gotoAndPlay(prozent);
    if (prozent >= 99 && _loc1.total > 1000)
    {
        _loc2.gotoAndPlay(2);
        return;
    } // end if
    _loc1._visible = true;
};
```

24. 鼠标点击"场景1"，进入场景的编辑状态，在"图层1"的第2帧添加关键帧，将库中的"图片"条拖入到舞台上，并调整位置，如图7-64所示。

25. 新建"图层2"，将库中的"按钮组合"元件拖入到舞台上，并调整位置如图7-65所示。

26. 新建"图层3"，在该图层的第1帧中将库中的"脚本"元件拖入到舞台上。

27. 新建"图层4"作为专门的脚本层，在该图层的第1帧上点击右键会弹出快捷菜单，选择"动作"命令，在弹出的"动作-帧"面板中输入如下代码，

```
stop ();
```

```
function btn_links()
{
    var _loc1 = _root;
    --_loc1.count;
    _loc1.xwert();
    _loc1.navigation.link1.gotoAndPlay("rollover");
    _loc1.pfeilrichtung = "links";
    _loc1.autozeit = 4;
    _loc1.autocount = 0;
    _loc1.xwert();
} // End of the function
function btn_rechts()
{
    var _loc1 = _root;
    ++_loc1.count;
    _loc1.navigation.link2.
```

图7-64

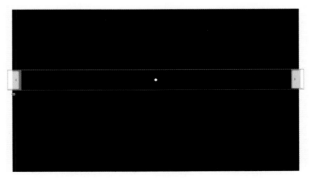

图7-65

```
        gotoAndPlay("rollover");
            _loc1.pfeilrichtung = "rechts";
            _loc1.autozeit = 4;
            _loc1.autocount = 0;
            _loc1.xwert();
    } // End of the function
    function slideshow()
    {
        var _loc1 = _root;
        if (_loc1.slide_need == 0)
        {
            var _loc2 = _loc1._xmouse;
            if (_loc2 > _loc1.mausre)
            {
                if (_loc1.modus != "rechts")
                {
                    _loc1.modus = "rechts";
                    _loc1.autozeit = 4;
                    _loc1.autocount = 3;
                } // end if
            }
            else if (_loc2 < _loc1.mausli)
            {
                if (_loc1.modus != "links")
                {
                    _loc1.modus = "links";
                    _loc1.autozeit = 4;
                    _loc1.autocount = 3;
                } // end if
            }
            else if (_loc2 > _loc1.mausli || _loc2
< _loc1.mausre)
                {
                    if (_loc1.modus != "automatik")
                    {
                        _loc1.modus = "automatik";
                        _loc1.autozeit = 15;
                        _loc1.autocount = 0;
                    } // end else if
                } // end else if
                var _loc3 = Math.round(_loc1.xband
- _loc1.laufband._x);
                if (_loc3 == 0)
                {
                    _loc1._root.laufband._x = _loc1.
xband;
                } // end if
                _loc1.laufband._x = _loc1.
laufband._x + _loc3 / _loc1.speed;
            } // end if
        } // End of the function
        function xwert()
        {
            var _loc1 = _root;
            _loc1.xband = _loc1.count * _loc1.
breite_einzel * -1;
        } // End of the function
        var slide_need = 0;
        var anzahl = 4;
        var count = 0;
        var breite_einzel = 485;
        var breite_versatz = 241;
        var breite_gesamt = _root.laufband._width;
        var new_xpos = 0;
        var autozeit = 15;
        var autocount = 0;
        var modus = "automatik";
        var mausli = 120;
```

```
var mausre = 560;
var faktor = 10;
event_klick = new Sound(this);
event_klick.attachSound("klick");
event_klick.setVolume(50);
var xband = 0;
var speed = 8;
var link1 = "/watches/mennaturally.html";
var link2 = "/watches/saltandsalsa.html";
var link3 = "/watches/artfulinnocence.html";
var link4 = "/watches/shadesofpleasure.
html";
var pfeilrichtung = "rechts";
```

28.在"图层4"的第2帧添加关键帧，并在该帧上点击右键会弹出快捷菜单，选择"动作"命令，在弹出的"动作－帧"面板中输入如下代码，

```
function tracer()
{
    var _loc1 = _root;
    ++_loc1.autocount;
    if (_loc1.autocount == _loc1.autozeit)
    {
        if (_loc1.modus == "automatik")
        {
            if (_loc1.count != _loc1.anzahl)
            {
                ++_loc1.count;
            }
            else if (_loc1.count == _loc1.
anzahl)
            {
                _loc1.count = 1;
            } // end else if
            _loc1.xwert();
                    _loc1.navigation.link2.
gotoAndPlay("rollover");
            _loc1.pfeilrichtung = "rechts";
            _loc1.autocount = 0;
            return;
        } // end if
        if (_loc1.modus == "rechts")
        {
            if (_loc1.count != _loc1.anzahl)
            {
                ++_loc1.count;
            }
            else if (_loc1.count == _loc1.
anzahl)
            {
                _loc1.count = 1;
            } // end else if
            _loc1.xwert();
                    _loc1.navigation.link2.
gotoAndPlay("rollover");
            _loc1.pfeilrichtung = "rechts";
            _loc1.autocount = 0;
            return;
        } // end if
        if (_loc1.modus == "links")
        {
            if (_loc1.count < 0)
            {
                _loc1.count = _loc1.anzahl;
            } // end if
            --_loc1.count;
            _loc1.xwert();
                    _loc1.navigation.link1.
gotoAndPlay("rollover");
```

```
            _loc1.pfeilrichtung = "links";
            _loc1.xwert();
            _loc1.autocount = 0;
        } // end if
    } // end if
} // End of the function
function xfrager()
{
    var _loc1 = _root;
    if (_loc1.laufband._x < -1700)
    {
            _loc1.laufband._x = _loc1.
laufband._x + 4 * breite_einzel;
        _loc1.count = 0;
        _loc1.xband = 0;
    } // end if
    if (_loc1.laufband._x > 300)
    {
            _loc1.laufband._x = _loc1.
laufband._x - 4 * breite_einzel;
        _loc1.count = 3;
        _loc1.xband = -1455;
    } // end if
} // End of the function
automatik = setInterval(this, "tracer", 1000);
xfrage = setInterval(this, "xfrager", 100);
```

29.在"图层4"的第15帧添加关键帧，并在该帧上点击右键会弹出快捷菜单，选择"动作"命令，在弹出的"动作－帧"面板中输入如下代码，

```
this.onEnterFrame = function ()
{
    var _loc1 = _root;
        if (this.hitTest(_loc1._xmouse,
_loc1._ymouse) == false)
```

图7-66

```
    {
        _loc1.modus = "automatik";
        _loc1.autozeit = 15;
        _loc1.autocount = 0;
    } // end if
};
stop ();
```

30.将"图层1"、"图层2"的帧延长至第15帧位置，按下"Ctrl＋Enter"组合键，预览动画，如图7-66所示。

[复习参考题]

◎ 制作一个网络广告动画（广告主题自定）。

◎ 制作一个产品宣传动画（广告主题自定）。

第八章 Flash贺卡动画制作

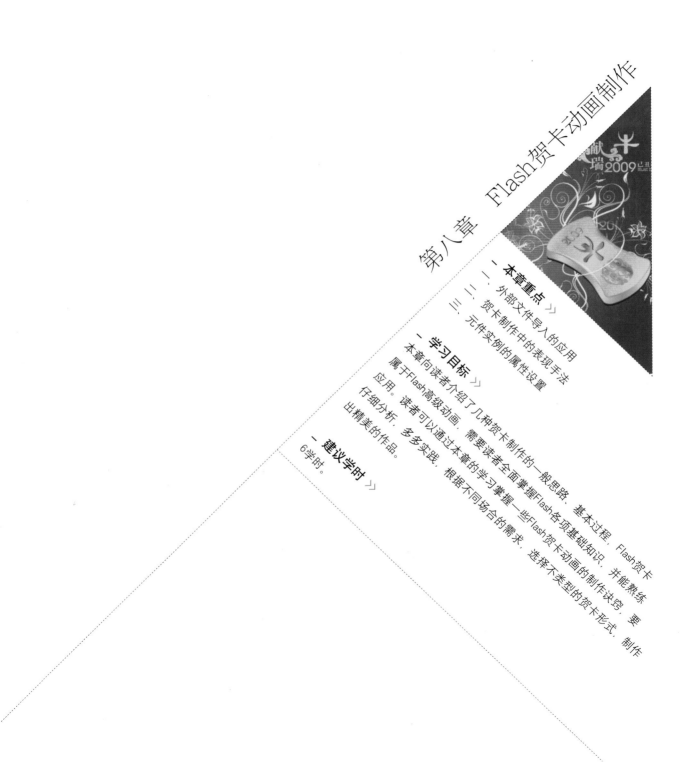

一、本章重点》

一、外部文件导入的应用

二、贺卡制作中的表现手法

三、元件实例的属性设置

一、学习目标》

本章向读者介绍了几种贺卡制作的一般思路、基本过程。Flash贺卡属于Flash高级动画，需要读者全面掌握Flash各项基础知识，并能熟练应用。读者可以通过本章的学习掌握一些Flash贺卡动画的制作诀窍，要仔细分析，多多实践，根据不同场合的需求，选择不类型的贺卡形式，制作出精美的作品。

一、建议学时》

6学时。

第八章　Flash贺卡动画制作

利用Flash制作贺卡，具有更丰富的表达力，使人耳目一新且倍感亲切。本章以中秋贺卡和新年贺卡等常见的Flash贺卡为例，向读者介绍Flash贺卡创作的一般思路、基本制作方法。

第一节 ///// 新年贺卡动画制作

新年贺卡是节日卡，也是Flash贺卡中数量最多的一种，本节将通过一个新年贺卡的制作过程，向读者展现这类贺卡制作的基本思路。

一、制作思路

贺卡制作第一步是确定主题，新年贺卡的主题就是恭贺新禧、给人拜年，然后确定贺卡上的道具。新年的物语也有很多，如鞭炮、生肖、祝福语等，在最后是确定动画播放的顺序。

二、制作步骤

1.新建一个Flash文档，单击"属性"面板中"大小"右边的按钮 `550 x 400 像素`，弹出"文档属性"对话框，如图8-1所示，设置"尺寸"为600px×450px，"背景颜色"设置成黑色，"帧频"设置为12fps。

2.选择"文件/导入/导入到舞台"，导入一张制作好的背景图，在图片上点击鼠标右键，在弹出的快捷菜单中选择"转换为元件"，会弹出"转换为元件"的对话框，在对话框中将类型设置为"图形"，命名为"背景"。背景效果如图8-2所示。

3.采用步骤2同样的方法，将动画所需的其他图形导入到文档中，如图8-3所示。

4.新建图形元件，命名为"鞭炮"，进入元件编辑状态，选择工具条中的绘图工具，绘制如图8-4所示的图形。

5.新建图形元件，命名为"鞭炮燃放1"，进入元件编辑状态，选择工具条中的 工具，绘制一个圆形，选择"修改/形状/柔化填充边缘"命令，如图8-5所示，会弹出柔化填充边缘对话框，设置对话框中的属性，如图8-6所示。选择 工具，在圆的下边缘绘制一些线条图形，效果如图8-7所示。

图8-1

6.按照步骤5的方法，创建"鞭炮燃放2"、"鞭炮燃放3"、"鞭炮燃放4"图形元件，效果如图8-8所示。

7.分别新建图形元件，命名为"鞭炮燃放5"和

图8-2

"鞭炮燃放6"，分别进入元件编辑状态，选择工具条中的绘图工具，绘制如图8-9所示的图形。

8.新建影片剪辑元件，命名为"鞭炮燃放动画1"，进入元件编辑状态，分别在时间轴的第2、3、4帧添加关键帧，将库中的"鞭炮燃放1"元件拖入第1帧中的舞台上。将库中的"鞭炮燃放2"元件拖入第2帧中的舞台上。将库中的"鞭炮燃放3"元件拖入第3帧中的舞台上。将库中的"鞭炮燃放4"元件拖入第4帧中的舞台上，并调整位置使其四个帧上的图形重叠，如图8-10所示。

9.新建影片剪辑元件，命名为"鞭炮燃放动画2"，进入元件编辑状态，将库中的"鞭炮燃放5"拖入到第1帧中的舞台上，并把"属性"面板中的"Alpha"的值设置为"0%"。如图8-11所示。

10.分别在第5、10帧的位置添加关键帧，将第5帧中的元件实例的"颜色"设置为"无"，并放大图形。将第10帧中的元件实例的"Alpha"的值设置为

"0%"，并放大图形，然后在关键帧之间创建补间动画，如图8-12所示。

11.新建影片剪辑元件，命名为"鞭炮燃放动画3"，进入元件编辑状态，将库中的"鞭炮燃放动画6"拖入到第1帧中的舞台上，并在把"属性"面板中

图8-4　　　图8-5

图8-6　　　　　　　　　　图8-7

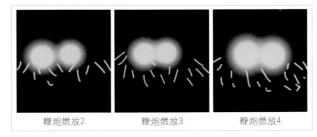

鞭炮燃放2　　　鞭炮燃放3　　　鞭炮燃放4

图8-8

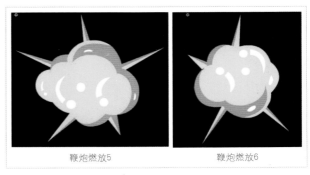

鞭炮燃放5　　　鞭炮燃放6

图8-9

图8--3

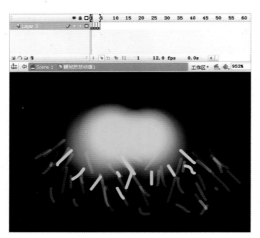

图8-10

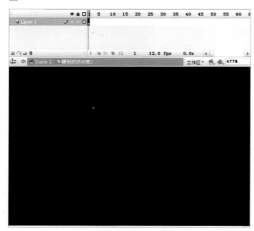

图8-11

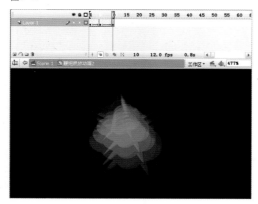

图8-12

的 "Alpha" 的值设置为 "0%"。如图8-13所示

12.分别在第6、11帧的位置添加关键帧，将第6帧中的元件实例的 "颜色" 设置为 "无"，并放大图形。将第11帧中的元件实例的 "Alpha" 的值设置为 "0%"，并放大图形，然后在关键帧之间创建补间动画，如图8-14所示。

13.按照步骤9和10的方法，创建 "鞭炮燃放动画4" 影片剪辑元件。

14.新建图形元件，命名为 "中国结"，进入元件编辑状态，选择工具条中的绘图工具，绘制如图8-15所示的图形。

15.新建影片剪辑元件，命名为 "鞭炮串"，进入元件编辑状态，将事先创建好的 "鞭炮" 元件和 "中国结" 元件以及 "鞭炮燃放动画" 系列元件，拖入到舞台上进行组合，然后在每个鞭炮上输入 "福" 字，并调整位置，效果如图8-16所示。

16.新建影片剪辑元件，命名为 "文字动画1"，进入元件编辑状态，将库中的 "标志" 元件拖入到 "图层1" 的第1帧中，如图8-17所示。

17.新建 "图层2"，选择工具条中的绘图工具，绘制如图8-18所示的图形，并转换为元件，调整位置。

18.在 "图层2" 的第43帧的位置添加关键帧，将该帧上的图形向右移动到如图8-19所示的位置。

19.在第1帧和43帧之间创建补间动画，然后将 "图层1"、"图层2" 的帧延长至第100帧。在 "图层2" 上点击右键，在弹出的快捷菜单中选择 "遮罩层" 命令，时间轴效果如图8-20所示。

20.新建影片剪辑元件，命名为 "文字动画2"，进入元件编辑状态，选择 T 工具，在 "图层1" 的第1帧中输入如图8-21所示的文字，并转换为元件。

21.分别在第2帧至第20的位置添加关键帧，分别把每个帧中的文字做旋转，效果如图8-22所示。

22.新建 "图层2"，在第21帧的位置添加关键帧，将库中的 "文字1" 元件拖入到该帧中的舞台上，在 "属性" 面板中将 "Alpha" 设置为 "0%"。在第50帧的位置添加关键帧，将该帧中的元件实例向下移动并放大。在21帧和50帧之间创建补将动画，效果如图8-23所示。在该层的第50帧位置，鼠标点击右键，在弹出的快捷菜单中选择"动作"，会弹出"动作－帧"的对话框，在对话框中输入"stop();"代码，时间轴效果如图8－24所示。

图8－13

23．新建影片剪辑元件，命名为"文字动画2"，选择工具条中的绘图工具，绘制如图8－25所示的图形，并转换为元件。

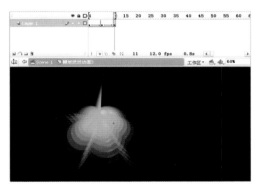

图8－14

24．分别在第2、4、6帧的位置按下F7添加空白关键帧，复制第1帧，粘贴在第3、5、7帧的位置，延长该图层的帧至第10帧。时间轴效果如图8－26所示。

图8－15

图8－16

25．新建"图层2"，在该图层的第7帧的位置添加关键帧，选择工具条中的绘图工具，绘制如图8－27所

图8－17

图8－18

图8－19

图8－20

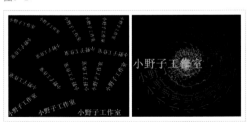

图8－21

图8－22

图8－23

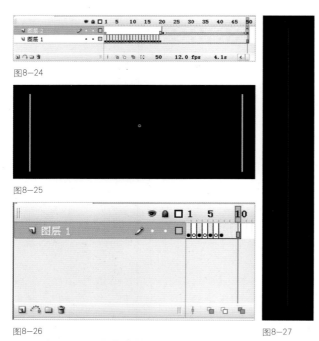

图8-24

图8-25

图8-26

图8-27

图8-28

图8-29

图8-30

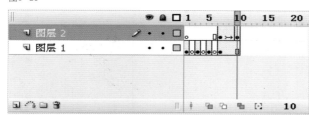

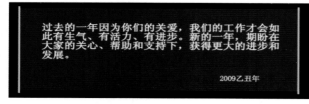

过去的一年因为你们的关爱，我们的工作才会如此有生气、有活力、有进步。新的一年，期盼在大家的关心、帮助和支持下，获得更大的进步和发展。

2009乙丑年

示的图形，并将"属性"面板中的"Alpha"设置为"20%"。

26.在第10帧的位置添加关键帧，将该帧中的图形向右边拉长，如图8-28所示。在第7帧和第10帧之间创建补间动画，时间轴效果如图8-29所示。

27.新建"图层3"，在第10帧的位置添加关键帧，选择工具条中的 T 工具，在该帧中的舞台上输入如图8-30所示的图形。鼠标在该帧上点击右键，在弹出的快捷菜单中选择"动作"，会弹出"动作－帧"的对话框，在对话框中输入"stop();"代码，时间轴效果如图8-31所示。

28.鼠标点击"场景1"按钮，进入场景编辑状态，将库中的"背景"元件拖入到"图层1"中的舞台上，将帧延长至第456帧的位置。

29.新建"图层2"，在第234帧的位置添加关键帧，将库中的"鞭炮串"拖入到该帧中的舞台上，如图8-32所示，将帧延长至第456帧。

30.新建"图层3"，将库中的"金币"元件拖入到该图层的第1帧中的舞台上，分别在第215、233帧的位置添加关键帧，将233帧上的元件实例的"Alpha"设置为"0%"。如图8-33所示。

31.新建"图层4"，选择工具条中的绘图工具，绘制如图8-34所示的图形，并转换成元件。

32.分别在第215、233帧的位置添加关键帧，将第215帧中的元件实例放大到如图8-35所示的大小。将233帧中的元件实例的"Alpha"设置为"0%"。

33.鼠标在"图层4"上点击右键，在弹出的快捷菜单中选择"遮罩层"命令，把"图层4"设为遮罩层，效果如图8-36所示。

34.新建"图层5"，在第152帧的位置添加关键帧，将库中的"文字动画2"拖入到该帧中的舞台上，并调整位置，如图8-37所示。

35.分别在第215、233帧的位置添加关键帧，将233帧中的元件实例的"Alpha"设置为"0%"。效

图8-31

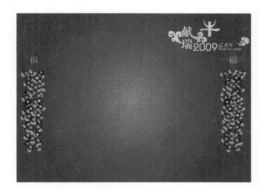

图8-32

图8-33

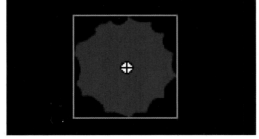

图8-34

图8-35

图8-36

图8-37

图8-38

图8-39

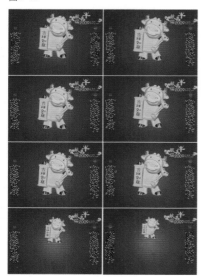

图8-40

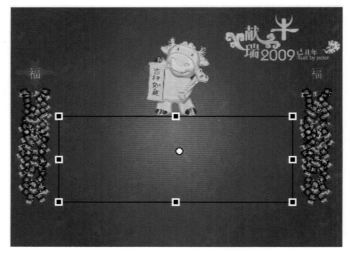

图8-41

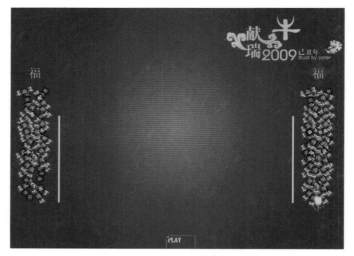

图8-42

图8-43

图8-44

图8-45

果如图8-38所示。

36.新建"图层6"，将库中的"文字动画1"拖入到该图层上的第1帧中，并且和背景中右上角的标志重合。

37.新建"图层7"，在第275帧的位置添加关键帧，将库中的"金牛"元件拖入到该帧中的舞台上，调整位置如图8-39所示。

38.分别在第288、291、293、295、297、318、323帧的位置添加关键帧，分别将这些关键帧中的元件实例作位置、大小的改变，效果如图8-40所示。将时间轴上的帧延长至456帧。

39.新建"图层8"，在该图层的第324帧添加关键帧，将库中的"文字动画3"拖入到该帧中的舞台上，调整位置如图8-41所示。

40.新建"图层9"，在第428帧的位置添加关键

帧，选择工具条中的**T**工具，输入"play"文字，并转换为按钮元件，调整位置，如图8-42所示。鼠标点击在按钮上点击右键，在弹出的快捷菜单中选择"动作"，会弹出"动作-帧"的对话框，在对话框中输入如下代码：

```
on (release)
{
    _root.gotoAndPlay(1);
}
```

41.导入音乐文件"sound"到库中，新建"图层10"，在"属性"面板中的"声音"设置中选择导入到库中的声音文件，将声音添加到动画中，如图8-43所示。

42.按下"Ctrl+Enter"组合键，预览动画，时间轴效果如图8-44所示，动画预览效果如图8-45所示。

第二节 ///// 中秋贺卡动画制作

一、制作思路

中秋贺卡属于节日类贺卡类型，是一种常用的Flash贺卡。在本节中，将采用动画形式制作一个中秋贺卡，制作前，首先要设计一个Flash动画的剧情，角色以两个卡通水果形象出现，选择水果的卡通形象主要是因为中秋时节正是水果丰富的时候，是收获的季

节。背景的效果是对现实生活的艺术化，以达到触景生情的效果，使接受者看到贺卡后能产生某种情感。最后，出现"中秋寄思"的字样，点中祝福。

二、制作步骤

1.新建一个Flash文档，单击"属性"面板中"大小"右边的按钮 550 x 400 像素 ，弹出"文档属性"对话框，如图8-46所示，设置"尺寸"为500px×300px，"背景颜色"设置成#cccccc，"帧频"设置

文档属性

标题(T):

描述(D):

尺寸(I): 500 像素 (宽) x 300 像素 (高)

匹配(A): ○打印机(P) ○内容(C) ○默认(E)

背景颜色(B):

帧频(F): 12 fps

标尺单位(R): 像素

设为默认值(M)   确定   取消

图8-46

图8-47

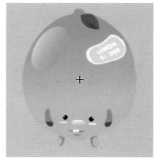

图8-48

图8-49

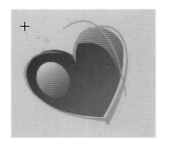

图8-50

为12fps。

2.选择"文件/导入/导入到舞台",导入一张制作好的背景图,在图片上点击鼠标右键,在弹出的快捷菜单中选择"转换为元件",会弹出"转换为元件"的对话框,在对话框中将类型设置为"图形",命名为"背景"。背景效果如图8-47所示。

3.新建元件命名为"绿娃",进入元件的编辑状态,利用工具栏中的绘图工具,绘制如图8-48所示的图形。

4.新建元件命名为"红娃",进入元件的编辑状态,利用工具栏中的绘图工具,绘制如图8-49所示的图形。

5.新建元件命名为"心形",进入元件的编辑状态,利用工具栏中的绘图工具,绘制如图8-50所示的图形。

6.新建元件命名为"文字1",进入元件的编辑状态,利用工具栏中文本工具**T**,输入文字,在"属性"面板中设置文字的字体、颜色、字号。文字属性设置好后按下Ctrl+B将文字打散成图形,然后选择工具,给文字图形填充边框,效果如图8-51所示。

7.在该元件中新建"图层2"位于"图层1"的上方,在该图层中的每个文字上绘制一些渐变的亮色图形,使得文字具有立体感。效果如图8-52所示。

8.再新建"图层3"位于"图层1"的下方,在该

图8-51

图8-52

图8-53

图8-54

图8-55

图8-56　　　图8-57

层中制作文字的投影，效果如图8-53所示。

9.新建图形元件命名为"文字2"，进入元件编辑状态，选择工具条中的文本工具 **T**，在舞台上输入文字，在"属性"面板中设置文字的字体、颜色、字号。文字属性设置好后按下Ctrl+B将文字打散成图形，然后选择 工具，给文字图形填充边框，效果如图8-54所示。

10.在该元件中，新建"图层2"位于"图层1"的下方，在该图层中绘制文字的投影，效果如图8-55所示。

11.新建元件，命名为"文字框"，进入元件编辑状态，选择椭圆工具 ，在舞台上绘制如图8-56所示的图形，图形颜色设置成白色。然后选择铅笔工具 ，在刚才所画的图形的外边画一条白色的细线，效果如图8-57所示。

12.鼠标点击"场景1"按钮，进入"场景1"的编辑状态，将元件中的"背景"拖到"场景1"的舞台上，并选择工具条中的 ，把"背景"元件实例缩放到舞台一样大小。如图8-58所示。

13.新建"图层2"命名为"绿娃"位于"背景"图层的上方，在该图层的第4帧添加一个关键帧，在这帧上，将库中的"绿娃"元件拖到舞台上，并在"属性"面板中"颜色"选项中选择高级，点击右边的"设置"按钮，弹出"高级效果对话框"，如图8-59所示进行设置。设置后的效果如图8-60所示。

图8-58

图8-59

14.在第6帧处添加关键帧，在该帧上的"属性"面板中设置颜色为"高级"，打开"高级效果"对话框，设置及设置后的效果如图8-61所示。

15.在第9帧处添加关键帧，在这帧上的"属性"面板中设置颜色为"无"，设置后的效果如图8-62所示。

16.分别在第4帧和第6帧之间、第6帧和第9帧之间添加补间动画。

17.新建"图层3"，命名为"红娃"，位于"背景"层上、"绿娃"层下，在该图层的第6帧处添加关键帧，在这帧上，将库中的"红娃"元件拖到舞台上，并在"属性"面板中"颜色"选项中选择"Alpha"，右边文本框中的值设置为0%，设置后的效果如图8-63所示。

图8-60

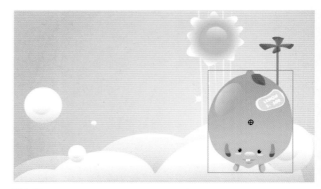

图8-62

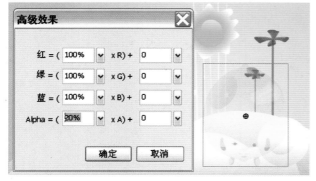

图8-61

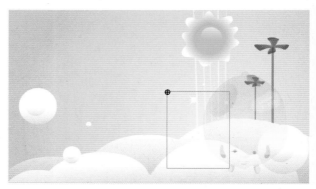

图8-63

18.在第8帧添加关键帧，在这帧上的"属性"面板中设置颜色为"高级"，打开"高级效果"对话框，设置及设置后的效果如图8－64所示。

19.在第10帧添加关键帧，在这帧上的"属性"面板中设置颜色为"高级"，打开"高级效果"对话框，设置及设置后的效果如图8－65所示。

20.在12帧处添加关键帧，在这帧上的"属性"面板中设置颜色为"无"，设置后的效果如图8－66所示。

21.分别在第6帧和8帧之间、第10帧和12帧之间创建补间动画。

22.新建"图层4"，命名为"文字1"，位于"绿娃"层的上方，在该图层的第14帧添加一个关键帧，在这帧上，将库中的"文字1"元件拖到舞台上，如图所示8－67的位置。

23.分别在第16、17、64、68、69帧处添加关键帧，在16帧处将"文字1"元件实例向下移动至如图8－68所示，在17帧处移动到如图8－69所示，在68帧处

图8－66

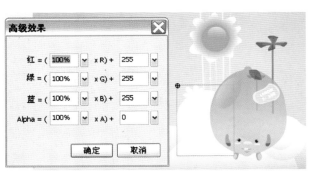

图8－64

图8－67

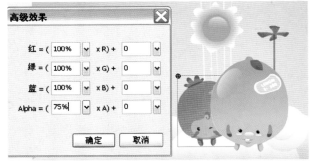

图8－65

图8－68

将"属性"面板中的"颜色"设置Alpha，右边的值设为"11"如图8－70所示，在69帧处将"属性"面板中的"颜色"设置Alpha，右边的值设为"0"，如图8－71所示。最后在该层的时间轴上的14帧至16帧之间添加补间动画，在64帧至68帧之间添加补间动画。

24.新建图层，命名为"文字2"，位于"文字1"层的上方，在该图层的第16帧添加关键帧，在这帧上，将库中的元件"文字2"拖到舞台上如图8－72所示的位置。

图8－69

图8－72

图8－70

图8－73

图8－71

图8－74

25.分别在第19、21、22、64、68、69帧处添加关键帧，在19帧处将"文字2"元件实例向下移动到如图8－73所示。在21帧处移动到如图8－74所示。在22帧处移动到如图8－75所示。在68帧处，将"属性"面板中的"颜色"设置Alpha，右边的值设为"11"，如

图8－76所示。在69帧处将"属性"面板中的"颜色"设置Alpha，右边的值设为"0"，如图8－77所示。最后在该层的时间轴上的16帧至19帧之间添加补间动画，在64帧至68帧之间添加补间动画。

26.新建图层，命名为"文字框"，位于"文字1"层的下方，在该图层的第18帧处添加关键帧，在这帧上，将库中的"文字框"元件拖到舞台上。如图8－78所示的位置。

27.分别在21、23、24、25帧处添加关键帧，在这几个关键帧上做位置的移动，效果分别如图8－79、

图8－75

图8－76

图8－77

图8－78

图8－79

8-80、8-81、8-82所示。最后在该层的时间轴上的18帧至21帧之间、在21帧至23帧之间添加补间动画。

28.新建图层，命名为"文字3"，位于"文字2"层的上方，在该层的第69帧处添加关键帧，在这帧上，将库中的"文字3"元件拖到舞台上，选择工具条

中的 ⊡，将这帧上的元件实例进行缩小，在"属性"面板中将元件实例设置成透明状态，如图8-83所示。

29.分别在73、74帧处添加关键帧。在73帧处，将元件实例放大，并在"属性"面板中将元件实例的"颜色"设置成"无"，如图8-84所示。在74帧处，

图8-80

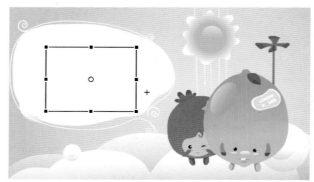

图8-83

图8-81

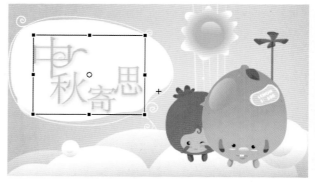

图8-84

图8-82

图8-85

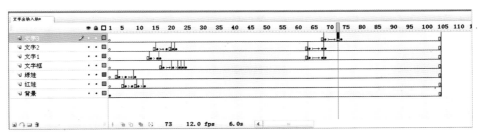

图8-86

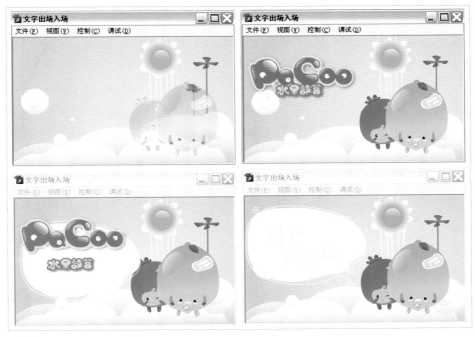

图8-87

再将元件实例放大一点。如图8-85。

　　30.整个动画完成后时间轴上的效果如图8-86所示。

　　31.按下"Ctrl＋Enter"组合键预览影片，如图8-87所示。

[复习参考题]

◎　综合应用制作Flash贺卡（主题自定）。

第九章 其他综合动画制作

本章重点

一、游戏动画的设计思路及制作方法
二、广告动画制作中的表现手法
三、使用脚本语言控制网站动画的连接
四、通过脚本语言控制游戏的交互性

学习目标

前面章节中，学习了贺卡和广告的制作。本章主要是通过游戏动画和整站动画来讲解Flash的高级动画，制作上相对要复杂一些，要仔细分析，多多实践，才能制作出精彩的有趣的动画。

建议学时

8学时。

第九章 其他综合动画制作

第一节 ////// 整站Flash动画制作

由于Flash的功能日渐完善，越来越多的网站开始制作Flash的整站。Flash的网站相对比较炫目，交互性也比较强。但是，由于Flash的局限性，这样的网站只适合于内容不多的中小型网站，对于数据很多的大型综合性网站，就不适合了。

一、制作思路

Flash网站制作中，为方便对网站内容的及时修改和更新，往往将动画分片段制作，然后通过脚本控制时间轴的播放来实现整站效果。

读者在动画制作过程中理解整站动画制作的连贯性，并熟悉网站栏目的连接方式、按钮对时间轴的控制等功能的制作。

二、制作步骤

1.新建一个Flash文档，单击"属性"面板上"大小"右边的按钮 `550 x 400 像素`，弹出"文档属性"对话框，如图9－1所示，设置"尺寸"为766px×750px，"背景颜色"设置成土黄色（#AA530D），"帧频"设置为30fps。

图9－1

2.选择"文件/导入/导入到库"命令，将制作网站所需要的图片导入到该文档，如图9－2所示。

3.新建名为"下背景"的影片剪辑元件，将库中的背景图片拖入该元件"图层1"的第1帧中，如图9－3所示。再新建"图层2"，选择 ▢ 工具绘制一个如图9－4所示的矩形。然后把"图层2"设为遮罩层，效果如图9－5所示。

4.按照步骤3的方法，再建一个名为"上背景"的影片剪辑元件，效果如图9－6所示。

5.新建名为"花"的影片剪辑元件，将库中的花的图片拖入到该元件的"图层1"的第1帧中，在第19帧处添加关

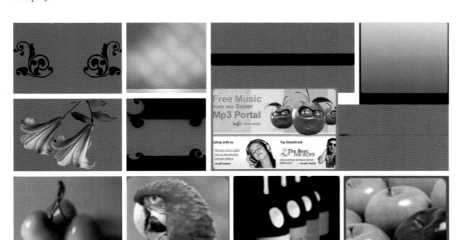

图9－2

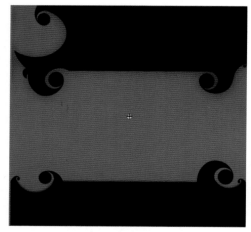

图9-3

图9-4

图9-5

键帧，并在帧上写入"stop();"的代码。

6.分别新建名为"文字1"、"文字2"的影片剪辑，分别在"图层1"的第1帧中输入文字，如图9-7所示。

7.新建名为"home"的按钮元件，在"弹起"帧中输入文字和图形，如图9-8所示。在"点击"帧添加关键帧，在该帧中绘制一个矩形，如图9-9所示。

图9-6

图9-7

8.按照步骤7的方法新建名为"portfolio"、"sevices"、"contacts"的按钮元件，效果如图9—10所示。

9.新建名为"生长的花1"影片剪辑元件，新建"图层2"将库中的图片拖入到该图层的第1帧中，并将该图层的帧延长至第30帧，如图9—11所示。复制

图9—11

图9—8

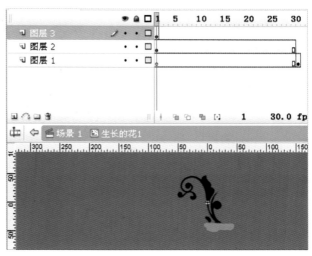

图9—12

图9—9

图9—10

图9-13

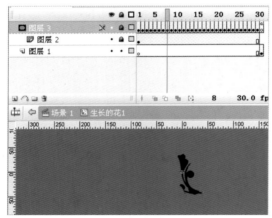

图9-14

图9-15

"图层2"的第30帧，粘贴到"图层1"的第31帧处。

10.新建"图层3"，选择工具栏中的✐工具，在该图层的第1帧中绘制图形将"图层2"中的图形遮挡一部分，如图9-12所示。

11.按照步骤10的方法将"图层3"的第2帧至第30帧都设为关键帧，并✐工具绘制图形直到将"图层2"中的图形全部遮挡完，如图9-13所示。将"图层3"的第31帧设为空白关键帧，在该帧上输入"stop();"的代码。

12.鼠标在"图层3"上点击右键，在弹出的快捷菜单中选择"遮罩层"命令，将"图层3"设为遮罩层，如图9-14所示。

13.按照步骤9至步骤12的方法分别新建"生长的花2"、"生长的花3"影片剪辑元件。

14.新建名为"内容1"的影片剪辑元件，将事先导入的图片拖入到"图层1"的第1帧中进行编排。新建"图层2"在该图层的第1帧中输入网页中的文字信息，并调整位置，如图9-15所示。

15.按照步骤14的方法，分别新建名为"内容2"、"内容3""内容4"的影片剪辑元件，效果如图9-16所示。

16.选择"文件/导入/导入到库"，将制作好的"翻转1"至"翻转18"系列图片导入到库中，并转换为图形元件，如图9-17所示。

17.选择"文件/导入/导入到库"，将制作好的"蝴蝶1"至"蝴蝶23"系列图片导入到库中，并转换为图形元件，如图9-18所示。

18.新建名为"蝴蝶飞"的影片剪辑元件，分别将库中的"蝴蝶1"至"蝴蝶23"在该元件的"图层1"中的第1帧至第23帧。复制第1帧至第23帧，粘贴到第23帧后，重复此动作直到第136帧的位置。时间轴效果如图9-19所示。

19.新建名为"蝴蝶飞1"的影片剪辑元件，将库中的"蝴蝶飞"元件拖入到该图层的第1帧中。然后在

内容2

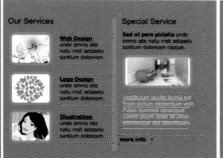
内容3

内容4

图9—16

图9—17

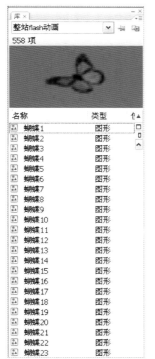

图9—18

图9—20

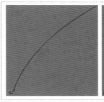
图9—21

第76帧处添加关键帧。

20.新建"图层2"为引导图层，选择工具栏中的 ✐工具，如图9－20所示。在该图层的第1帧绘制一条引导线，并将该图层的帧延长至第76帧的位置。

21.单击"图层1"的第1帧中的图形，将图形框右上角的小圆点放置到起点位置，将第76帧上的图形框右上角的小圆点放置到结束点位置，如图9－21所示。

22.在"图层2"的第77帧处添加关键帧，删除原有的引导线，新画一条引导线，如图9－22所示。并将帧延长至220帧。

23.在"图层1"的第129帧处添加关键帧，将该帧中的图形的小圆点移动到引导线的起始位置。在第149帧处添加关键帧，将该帧中图形的小圆点移动到引导线的结束位置。如图9－23所示。

24.选择"文件/导入/导入到库"，将制作好的

图9—19

图9-22

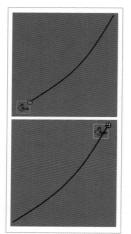

图9-23

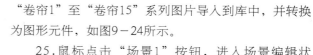

图9-24

"卷帘1"至"卷帘15"系列图片导入到库中，并转换为图形元件，如图9-24所示。

25.鼠标点击"场景1"按钮，进入场景编辑状态，图层命名为"背景"，将库中的"背景"元件拖

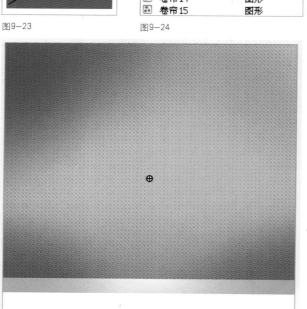

图9-26

图9-25

图9-27

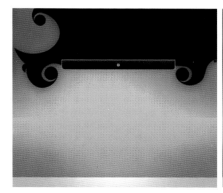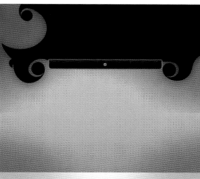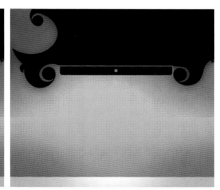

图9-28

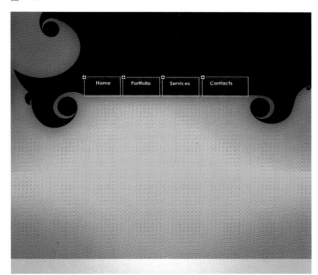

图9-29

入该图层的第1帧中，如图9-25所示。并将帧延长至第240帧的位置。

26.新建图层，命名为"上背景"，位于"背景"层的上方。在第12帧处添加关键帧，将库中的"上背景"元件拖入到该帧中，如图9-26所示。并将帧延长至第240帧的位置。

27.新建图层，命名为"按钮"，位于"上背景"层上方，在第16帧处添加关键帧，将库中的"按钮"元件拖入到该帧中，并调整位置，如图

9-27所示。

28.分别在该图层的第19、22、24帧添加关键帧，将这几个关键帧中的图形向下移动，如图9-28所示，并在每个关键帧之间创建补间动画。

29.新建图层，命名为"文字按钮"，位于"按钮"上方，在第16帧处添加关键帧，将库中的"文字按钮"元件拖入到该帧中，并调整位置，如图9-29所示。

30.分别在该图层的第19、22、24帧添加关键帧，将这几个关键帧中的图形向下移动，如图9-30所示。

31.新建图层，命名为"翻转a"，位于"按钮"上方，分别在第19帧至36帧添加关键帧，将库中的"翻转1"至"翻转18"元件依次拖入对应的关键帧中，并调整位置。效果如图9-31所示。

32.新建图层，命名为"翻转b"，位于"背景"层的上面，然后剪切"翻转a"的第32、33、34、35、36帧，复制到"翻转b"的第32、33、34、35、36帧上。

33.新建图层，命名为"中心背景"，位于"翻转b"层的上面，在该层的第32帧处添加关键帧，将库中的"中心背景"元件拖入到该帧中并调整位置，然后将该帧中图形的"Alpha"的值设置为"0%"。在第37帧处添加关键帧，将"属性"面板中的"颜色"设置为"无"。如图9-32所示。

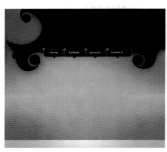 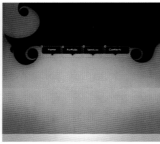 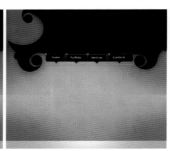

图9-30

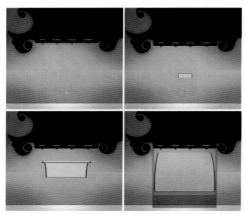

图9-31

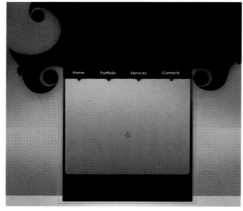

图9-32

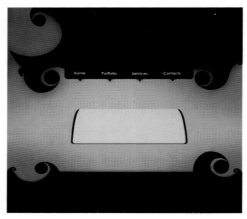

图9-33

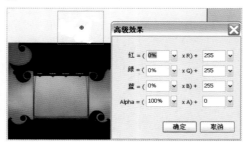

图9-34

的"高级效果"设置为如图9-34所示的效果。在第47帧处添加关键帧，将该帧中的图形向下移动，并将"属性"面板中的"颜色"设置为"无"，效果如图9-35所示。将帧延长至240帧处。

36.分别新建图层，命名为"文字1"、"文字2"，位于"文字按钮"层上面，分别在这两个图层的第42帧处添加关键帧，分别将库中的"文字1"、"文字2"元件拖入到对应图层的42帧中，并调整位置，如图9-36所示。

分别在这两个图层的第63帧处添加关键帧，将两个图层中的图形移动到如图9-37所示的位置，并在关键帧之间创建补间动画。

37.分别新建3个图层，命名为"生花生长1"、"生花生长2"、"生花生长3"位于

入到该帧中，将帧延长至240帧的位置。如图9-33所示。

35.新建图层，命名为"花"，位于"文字按钮"层的上面，在该图层的第35帧处添加关键帧，将库中的"花"元件拖入到该帧中，并调整位置。将该帧中图形

34.新建图层，命名为"下背景"，位于"翻转a"层的下面，在第32帧处添加关键帧，将库中的"下背景"元件拖

"文字2"层的上面，分别在三个图层的第59、52、45帧处添加关键帧，将库中"生花生长1"、"生花生长2"、"生花生长3"元件拖入对应的图层上的帧中，并调整位置，如图9-38所示。分别将3个图层的帧延长至240帧的位置。

38.新建图层，命名为"蝴蝶"，位于"生长的花1"图层的上面，在该图层的第65帧处添加关键帧，将库中的"蝴蝶飞3"拖入到该帧中，并将帧延续至240帧的位置。如图9-39所示。

39.新建图层，命名为"卷帘"，位于"中心背景"图层的上面，在该图层的第77帧至91帧处添加关键帧，分别将库中的"卷帘1"至"卷帘15"拖入对应的帧中，并调整位置，如图9-40所示。

复制该图层中第77帧至91帧，粘贴在第93帧的处，选择粘贴的帧点击鼠标右键，在弹出的快捷菜单中选择"翻转帧"命令，如图9-41将帧进行翻转。效果如图9-42所示。

复制该图层的第77

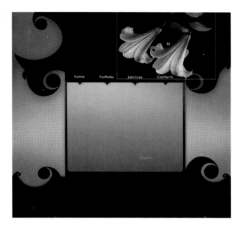

图9-35

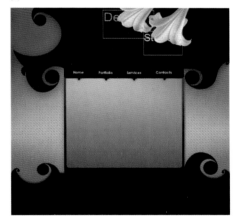

图9-36

图9-37

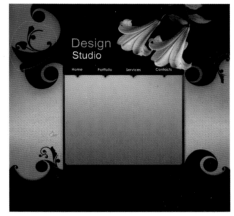

图9-38

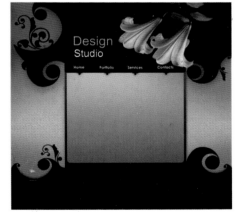

图9-39

图9-40

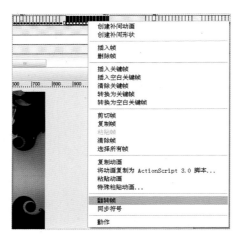

图9-41

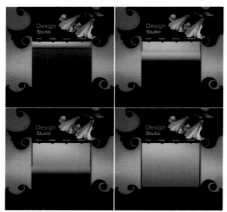

图9-42

图9-43

图9-44

图9-45

图9-46

帧至105帧，分别粘贴在第117、158、199帧处，然后将帧延长至240帧的位置。

40.新建图层，命名为"页面内容"，位于"卷帘"图层的上面，在该图层的第38帧处添加关键帧，将库中的"内容1"拖入到该帧中，并调整位置使之位于"卷帘"的正中间，如图9-43所示。然后将帧延长至79帧，在80帧处按下F7添加空白关键帧。

在该图层的第105帧添加关键帧，将库中的"内容1"拖入到该帧中，并将帧延长至119帧的位置，在第120帧处按下F7添加空白关键帧。

在该图层的第147帧添加关键帧，将库中的"内容2"拖入到该帧中，调整位置，并将帧延长至159帧的位置，在第160帧处按下F7添加空白关键帧，如图9-44所示。

在该图层的第187帧添加关键帧，将库中的"内容3"拖入到该帧中，调整位置，并将帧延长至201帧的位置，在第202帧处按下F7添加空白关键帧，如图9-45所示。

在该图层的第226帧添加关键帧，将库中的"内容4"拖入到该帧中，调整位置，并将帧延长至240帧的位置，如图9-46所示。

41.导入声音文件，然后新建图层命名为"声音"，位于"蝴蝶"层的上面，在第4帧处添加关键帧，在"属性"面板中的声音选项中，选择"sound22"声音文件。

42.新建图层，命名为"as"，位于所有图层的上面，分别在第76、117、154、200、240帧处添加关键帧，分别在这几个关键帧上点开"动作－帧"面板，在面板中输入"stop();"代码。

43.选择"文字按钮"图层中的四按钮，分别在四个按钮上点开"动作－帧"面板，在面板中分别输入如下代码：

```
on (release) {
    gotoAndPlay(77);

}


on (release) {
    gotoAndPlay(118);

}


on (release) {
```

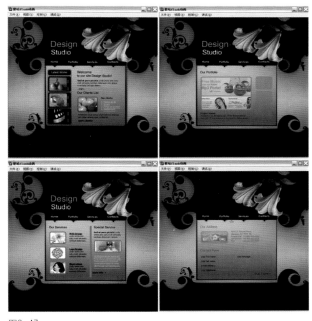

图9-47

```
    gotoAndPlay(159);
}


on (release) {
    gotoAndPlay(201);

}
```

44.按下"Ctrl+Enter"组合键，预览动画，如图9-47所示。

第二节 ///// Flash游戏动画制作

游戏制作是Flash动画制作中更高级的动画制作，基本上都是通过Action Script脚本语言配合各种元件及动画类型完成的，并且通过脚本语言可以实现互联网上的对战游戏，实现与数据库数据的交换。

拼图游戏动画制作

拼图游戏是一款非常经典的游戏，相信大家都很熟悉。所谓拼图游戏，就是将打乱的图形按游戏规则恢复原状。拼图游戏又分为两种，一种是将打乱的图放在拼图框的外面通过拖动碎图片到拼图框中，将图片复原。另一种更为经典有难度，移动图片框内的方形碎图片来实现图片的复原，接下来要制作的就是这种拼图游戏。

一、制作思路

游戏设计为"3×3"的方格，将右下角的方形图片移除，并将剩下8个方形图片随机打乱。当鼠标点击图片时，查找图片位置的4个周方格是否有空位，如果有就向空位移动，如果没有空位就移动不了。图片的相关位置关系存放在一数组内。

二、制作步骤

1.新建一个Flash文档，单击"属性"面板上"大小"右边的按钮 550×400像素，弹出"文档属性"对话框，如图9-48所示，设置"尺寸"为320px×320px，"背景颜色"设置成黑色，"帧频"设置为12fps。

图9-48

2.选择"文件/导入/导入到库"命令，将准备好的图片文件导入到库中，如图9-49所示。

3.新建影片剪辑元件，命名为"元件1"，进入元件编辑状态，选择工具栏中的 ▢工具，将填充色设置为"黄色（FFCC00）"，绘制一个矩形。在"属性"面板中将"长""宽"设置为"100、100"。选择"图层1"的第1帧，将库中的"位图1"拖入到舞台上与矩形框重叠，如图9-50所示。

4.按照步骤3的方法，制作元件名称分别为"元件2"、"元件3"、"元件4"、"元件5"、"元件6"、"元件7"、"元件8"、"元件9"的九个影片剪辑元件，分别对应"位图2"、"位图3"、"位图4"、"位图5"、"位图6"、"位图7"、"位图8"、"位图9"图片内容。

5.鼠标点击"场景1"，进入场景编辑状态，把"图层1"的名称改为"方块"，将9个元件拖入该图层的第1帧中的舞台上，如图9-51所示。

6.在"属性"面板中分别设置它们的"实例名称"为"block1"、"block2"、"block3"、"block4"、"block5"、"block6"、"block7"、"block8"、"block9"。

7.新建一个按钮元件，命名为"按钮"，在按钮的第1帧的位置绘制一个大小为"100×100"的黄色矩形。

8.鼠标点击"场景1"，进入场景编辑状态，新建图层命名为"按钮"，位于"方块"图层的上方，将库中的"按钮"元件拖入9个到该图层的第1帧中。将9个按钮元件紧贴依次相对于舞台中心排开，把9个按钮的"Alpha"的值设置为"0%"，如图9-52所示。

9.在按钮元件上分别点开"动作-帧"面板，在面板中分别输入如下代码：

图片1　　　图片2　　　图片3

图片4　　　图片5　　　图片6

图片7　　　图片8　　　图片9

图9-49

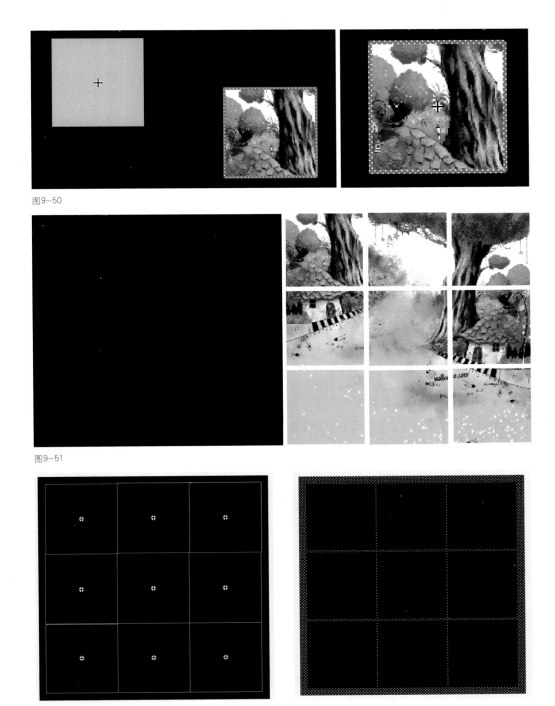

图9—50

图9—51

图9—52

图9—53

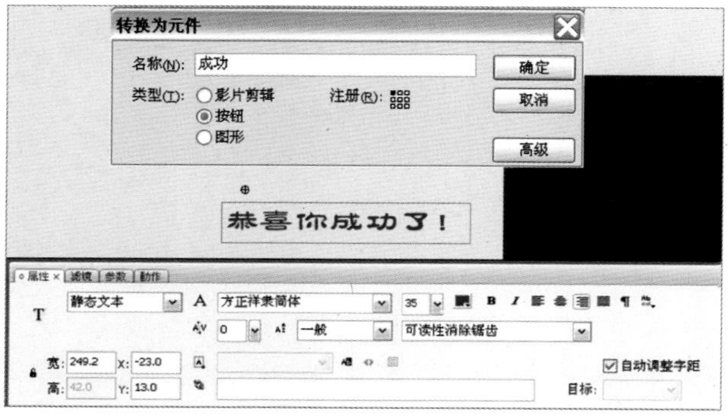

图9-54

第九章 其他综合动画制作
QITAZONGHEDONGHUAZHIZUO

"on(press){movemc(0);}"、

"on(press){movemc(1);}"、

"on(press){movemc(2);}"

"on(press){movemc(3);}"、

"on(press){movemc(4);}"、

"on(press){movemc(5);}"

"on(press){movemc(6);}"、

"on(press){movemc(7);}"、

"on(press){movemc(8);}"。

10.新建图层，命名为"网格"，位于"按钮"图层上方，绘制如图9-53所示的网格图形，其中外边框宽度为"11"，网格线宽度为"3"。

11.新建图层，命名为"成功"，位于"网格"图层上方，选择工具条中的 **T** 工具，在该图层的第1帧的位置输入"恭喜你成功了"文本。选择建立好的文本，按下F8，弹出"转换为元件"对话框，设置为按钮元件，名称为"成功"。如图9-54所示。

12.将舞台中的"成功"按钮设置实例名为"success"，并在该按钮上点开"动作-帧"面板，在面板中输入如下代码：

```
on(press){
    gotoAndPlay(1);
}
```

13.新建图层，命名为"as"位于"成功"图层上

方，在该图层的第2帧点开"动作-帧"面板，在面板中输入"stop();"代码。在该图层的第1帧点开"动作-帧"面板，在面板中输入如下代码：

```
stop();
setProperty(_root.success, _x, 400);
setProperty(_root.success, _y, 100);
_root.success._visible = 0;
_root.block9._visible = 0;
pos = [1, 2, 3, 4, 5, 6, 7, 8, 9];
for (var i = 1; i<pos.length; i++) {
    l = int(random(8));
    t = pos[i];
    pos[i] = pos[l];
    pos[l] = t;
}
function setmc() {
    for (var i = 0; i<pos.length; i++) {
        if (i<3) {
            setProperty("block"+pos[i], _x, 100*i+60);
            setProperty("block"+pos[i], _y, 0+60);
        } else if ((i>=3) && (i<6)) {
            setProperty("block"+(pos[i]), _x, 100*(i-3)+60);
            setProperty("block"+(pos[i]), _y, 100+60);
        } else if ((i>=6) && (i<9)) {
            setProperty("block"+pos[i], _x, 100*(i-6)+60);
            setProperty("block"+pos[i], _y, 200+60);
        }
    }
```

118

```
}
setmc();
function successCheck():Boolean {
    for (var i = 0; i<(pos.length−1); i++) {
            if (pos[i] != (i+1)) {
                        return false;
            }
    }
    return true;
}
function movemc(pressx) {
    if (pos[pressx−1] == 9) {
            t = pos[pressx];
            pos[pressx] = 9;
            pos[pressx−1] = t;
    } else if (pos[pressx+1] == 9) {
            t = pos[pressx];
            pos[pressx] = 9;
            pos[pressx+1] = t;
    } else if (pos[pressx+3] == 9) {
            t = pos[pressx];
            pos[pressx] = 9;
            pos[pressx+3] = t;
    } else if (pos[pressx−3] == 9) {
            t = pos[pressx];
            pos[pressx] = 9;
            pos[pressx−3] = t;
    }
    setmc();
    if (successCheck()) {
            setProperty(_root.success, _x,
80);
            setProperty(_root.block9, _x,
260);
```

图9−55

```
            setProperty(_root.block9, _x,
260);
            _root.success._visible = 1;
            _root.block9._visible = 1;
            gotoAndPlay(2);
    }
}
```

14.分别在"成功"、"网格"、"方块"图层的第2帧位置按下F5插入帧。在"按钮"图层的第2帧位置按下F6，插入关键帧。

15.按下"Ctrl+Enter"组合键，动画预览。如图9−55所示。

[复习参考题]

◎ 综合应用制作1~2个其他类型的Flash贺卡（主题自定）。

第十章 Flash中的音效及视频

本章重点

一、为按钮添加声音的方法

二、为动画添加背景音乐的方法

三、声音的设置和编辑的方法

学习目标

一个好的Flash影片仅有动画是不够的，还需要声音和优美的背景音乐。本章主要讲解了给按钮添加声音和为动画添加背景音乐两个部分，它们的引入为Flash动画增添了更丰富的内容，读者可以通过本章的学习除了掌握如何使用声音文件外，还要掌握声音的设置和声音的编辑，它在动画制作中会起重要的作用。

建议学时

6学时。

第十章　Flash中的音效及视频

第一节 ///// 导入声音文件

声音可以烘托动画的表现气氛、调动观众的情绪，使动画更具有艺术表现力，所以声音是动画的重要元素。在使用声音之前，首先要导入声音文件。

一、声音文件的类型和使用

Flash支持的声音文件格式主要有wav、mp3、aiff和au几种格式。另外，如果系统上安装了QuickTime4或更高的版本，就可以支持只有声音而无画面的QuickTime影片格式（.mov格式、.sd2格式和.qta格式）。

在Flash中，声音的使用有两种类型。

1.事件声音

这种声音类型主要适用于比较短的声音，如按钮的声音，主要是因为事件声音必须完全下载后才能开始播放，并且连续播放，直到有明确的停止命令。

2.流声音

流声音只需下载开始几秒的数据便开始播放，而且声音的播放与时间轴是同步的，这一特点很适合在网络上使用。流声音适用于很长的声音，如MTV。

二、导入声音的方法

1.选择"文件/导入/导入到舞台"命令。

2.选择要导入的声音文件，然后单击"打开"按钮，导入声音。

3.在打开的"导入"对话框中选择导入文件路径。

4.导入的声音自动添加到库面板中。

三、声音属性的设置

对声音的属性是可以进行设置的。一种方法是通过"声音属性"对话框进行设置。双击库面板中的声音图标，打开"声音属性"对话框。在对话框中，最上面的文本框中显示声音的文件名，下面是声音文件的路径、创建时间和声音的长度。

在对话框的右侧有几项功能按钮，它们的作用是：

更新：如果导入的文件在外部进行了编辑，可以通过该按钮更新文件的属性。

导入：可以通过此按钮更换声音文件。

测试：对声音新的设置进行测试。

停止：停止声音的播放。

另一种方法是在属性面板中设置声音。在声音属性面板中有以下几个选项。

"声音"的下拉列表：单击该列表，可以选择当前库中的声音元件。想要删除声音文件时也可以通过该列表来实现，单击该列表，选择无声就删除声音文件了。

"效果"的下拉列表：在Flash中内建的有几种声音的特效，我们可以通过"效果"的下拉列表来选择用户需要的效果。

"同步"选项：同步是指影片和声音的配合方式，用户可以决定声音与影片是否同步，或自行播放，可以由"同步"设定声音的播放和停止。

在"同步"下拉列表中我们可以看到有4个选项：事件、开始、停止和数据流。

"事件"：是默认的模式，这个模式会将声音和一个事件的发生过程同步起来。事件与声音在起始关键帧开始显示时播放，并独立于时间轴播放完整的声音，即使swf文件停止执行，声音也会继续播放。

"开始"：它在播放前先检测是否正在播放同一个声音，如果有就放弃这次播放，如果没有才进行播放。

"停止"：将指定的声音静音。

"数据流"：将强制动画和声频流同步。音频流随着swf文件的停止而停止。而且，音频流的播放时间绝对不会比帧的播放时间长。

"同步"下拉列表后面还有一个下拉列表，用于设置声音的"重复"和"循环"属性。

"编辑"按钮：用于编辑声音，这个内容将在声音的编辑这节讲解。

第二节 ///// 声音的编辑

在Flash中对声音的编辑不及一些专业的声音处理软件，但是还是可以做一些简单的编辑，实现一些常用的功能，比如控制声音的播放音量，改变声音开始播放、停止播放的位置等。具体方法如下：

单击"属性"面板上的"编辑"按钮，弹出"编辑封套"对话框，就可以用Flash自带的声音编辑控制编辑声音。

"编辑封套"对话框分为3个部分，一部分是"效果"下拉列表，它与"属性"面板上的"效果"下拉列表是一致的；另外两个是右声道编辑窗口和左声道编辑窗口。在这两个窗口中可以执行以下操作：

改变声音的起始和终止位置，可以拖动"编辑封套"中的"声音起点控制轴"和"声音终点控制轴"，如图所示调整声音的起始位置。

调整声音的大小，在对话框中白色的小方块为音量控制节点，用鼠标垂直上下拖动它们，可调节音量的大小，音量指示线越高，声音就越大。在调节音量时，左右声道是分开调节的。给音量指示线加结点只需要在音量指示线上单击一下就可以增加一个结点。还可以分段控制音量。当不需要此结点时，用鼠标将结点拖到编辑区外即可。

单击"放大"按钮和"缩小"按钮，可以改变窗口中显示声音的范围。

单击"秒"按钮和"帧"按钮，可以使声道编辑窗口分别以秒和帧为单位来显示声音的长度。

单击"播放"按钮和"停止"按钮，可以控制声音的播放和停止。

第三节 ///// 声音使用的例子

一、为按钮元件添加声音

在前面的章节中我们讲了按钮的制作，在很多时候我们需要给按钮添加声音效果，比如鼠标按下时和鼠标经过时发出不同的声音。具体方法如下：

1.新建一个Flash文档，把需要的三个声音文件"按下声音"、"弹起声音"和"经过声音"导入到库，如图10-1所示。

2.在"库"面板中单击"创建新元件"按钮，添加一个"按钮"类型元件并命名，如图10-2所示。

3.单击"确定"按钮，进入编辑状态，画出按钮图形，使"指针经过"帧和"按下"帧都为关键帧，如图10-3所示。

4.插入一个新图层，如图10-4所示。

5.在新图层上，将"指针经过"帧和"按下"帧转换为空白关键帧，如图10-5所示。

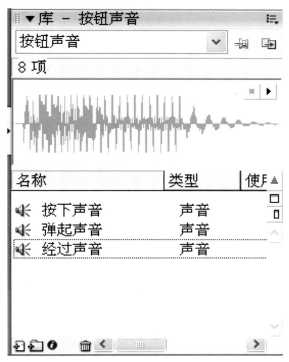

图10-1

图10-2

图10-3

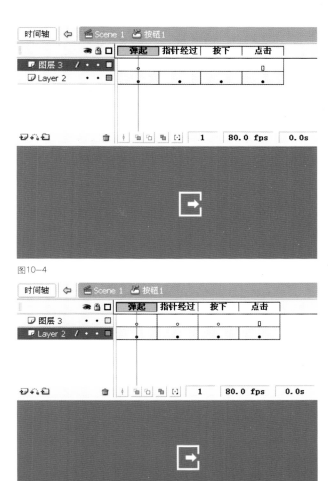

图10-4

图10-5

6.在属性面板的"声音"选项中分别将3个声音文件"弹起声音"、"经过声音"、"按下声音"添加到相应的关键帧上,如图10-6所示。

7.单击"时间轴"面板左上角"场景1"按钮,进入舞台,把按钮元件拖到舞台上,按快捷键"Ctrl+Enter"测试影片,按钮会随着用户的操作反映出不同的声音。这样,一个带声音的按钮元件做好了。

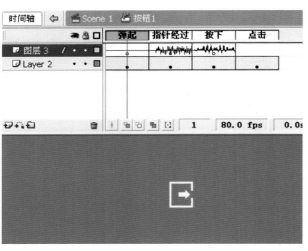

图10—6

图10—7

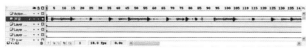

图10—8

图10—9

二、为动画添加背景音乐

给动画添加背景音乐的方法和为"按钮"元件添加声音的方法基本是一样的，不同之处是对声音的"同步"属性进行设置。为背景添加音乐步骤如下：

1.首先打开一个动画文件，将准备好的背景音乐文件导入到库中，如图10－7所示。

2.在"时间轴"面板上，单击"新建图层" 按钮，新建一个图层并命名为"声音"。在该图层上，通过属性面板的"声音"选项中将"背景音乐.mp3"添加到相应的关键帧上，这时图层的时间帧区将看到声音对象的波形，如图10－8所示。

3.选择"声音"图层的第一帧，打开属性面板，设置"同步"选项组为"开始"、"重复"，在"重复"后面的文本框中输入重复的次数，次数的多少可根据自己的需要输入。如图10－9所示。

4.完成后按快捷键"Ctrl＋Enter"测试影片，动画就具有背景音乐了。

[复习参考题]

◎ 制作一个网络动画并为其添加音乐。

附录：Flash常用快捷键

工具类

箭头工具【V】

部分选取工具【A】

线条工具【N】

套索工具【L】

钢笔工具【P】

文本工具【T】

椭圆工具【O】

矩形工具【R】

铅笔工具【Y】

画笔工具【B】

任意变形工具【Q】

填充变形工具【F】

墨水瓶工具【S】

颜料桶工具【K】

滴管工具【I】

橡皮擦工具【E】

手形工具【H】

缩放工具【Z】，【M】

菜单命令类

新建FLASH文件【Ctrl】+【N】

打开FLA文件【Ctrl】+【O】

作为库打开【Ctrl】+【Shift】+【O】

关闭【Ctrl】+【W】

保存【Ctrl】+【S】

另存为【Ctrl】+【Shift】+【S】

导入【Ctrl】+【R】

导出影片【Ctrl】+【Shift】+【Alt】+【S】

发布设置【Ctrl】+【Shift】+【F12】

发布预览【Ctrl】+【F12】

发布【Shift】+【F12】

打印【Ctrl】+【P】

退出FLASH【Ctrl】+【Q】

撤销命令【Ctrl】+【Z】

剪切到剪贴板【Ctrl】+【X】

拷贝到剪贴板【Ctrl】+【C】

粘贴剪贴板内容【Ctrl】+【V】

粘贴到当前位置【Ctrl】+【Shift】+【V】

清除【退格】

复制所选内容【Ctrl】+【D】

全部选取【Ctrl】+【A】

取消全选【Ctrl】+【Shift】+【A】

剪切帧【Ctrl】+【Alt】+【X】

拷贝帧【Ctrl】+【Alt】+【C】

粘贴帧【Ctrl】+【Alt】+【V】

清除帧【Alt】+【退格】

选择所有帧【Ctrl】+【Alt】+【A】

编辑元件【Ctrl】+【E】

首选参数【Ctrl】+【U】

转到第一个【HOME】

转到前一个【PGUP】

转到下一个【PGDN】

转到最后一个【END】

放大视图【Ctrl】+【+】

缩小视图【Ctrl】+【—】

100%显示【Ctrl】+【1】

缩放到帧大小【Ctrl】+【2】

全部显示【Ctrl】+【3】

按轮廓显示【Ctrl】+【Shift】+【Alt】+【O】

高速显示【Ctrl】+【Shift】+【Alt】+【F】

消除锯齿显示【Ctrl】+【Shift】+【Alt】+【A】

消除文字锯齿【Ctrl】+【Shift】+【Alt】+【T】

显示隐藏时间轴【Ctrl】+【Alt】+【T】

显示隐藏工作区以外部分【Ctrl】+【Shift】+【W】

显示隐藏标尺【Ctrl】+【Shift】+【Alt】+【R】

显示隐藏网格【Ctrl】+【'】

对齐网格【Ctrl】+【Shift】+【'】

编辑网络【Ctrl】+【Alt】+【G】

显示隐藏辅助线【Ctrl】+【;】

锁定辅助线【Ctrl】+【Alt】+【;】

对齐辅助线【Ctrl】+【Shift】+【;】

编辑辅助线【Ctrl】+【Shift】+【Alt】+【G】

对齐对象【Ctrl】+【Shift】+【/】

显示形状提示【Ctrl】+【Alt】+【H】

显示隐藏边缘【Ctrl】+【H】

显示隐藏面板【F4】

转换为元件【F8】

新建元件【Ctrl】+【F8】

新建空白帧【F5】

新建关键帧【F6】

删除帧【Shift】+【F5】

删除关键帧【Shift】+【F6】

显示隐藏场景工具栏【Shift】+【F2】

修改文档属性【Ctrl】+【J】

优化【Ctrl】+【Shift】+【Alt】+【C】

添加形状提示【Ctrl】+【Shift】+【H】

缩放与旋转【Ctrl】+【Alt】+【S】

顺时针旋转90°【Ctrl】+【Shift】+【9】

逆时针旋转90°【Ctrl】+【Shift】+【7】

取消变形【Ctrl】+【Shift】+【Z】

移至顶层【Ctrl】+【Shift】+【↑】

上移一层【Ctrl】+【↑】

下移一层【Ctrl】+【↓】

移至底层【Ctrl】+【Shift】+【↓】

锁定【Ctrl】+【Alt】+【L】

解除全部锁定【Ctrl】+【Shift】+【Alt】+【L】

左对齐【Ctrl】+【Alt】+【1】

水平居中【Ctrl】+【Alt】+【2】

右对齐【Ctrl】+【Alt】+【3】

顶对齐【Ctrl】+【Alt】+【4】

垂直居中【Ctrl】+【Alt】+【5】

底对齐【Ctrl】+【Alt】+【6】

按宽度均匀分布【Ctrl】+【Alt】+【7】

按高度均匀分布【Ctrl】+【Alt】+【9】

设为相同宽度【Ctrl】+【Shift】+【Alt】+【7】

设为相同高度【Ctrl】+【Shift】+【Alt】+【9】

相对舞台分布【Ctrl】+【Alt】+【8】

转换为关键帧【F6】

转换为空白关键帧【F7】

组合【Ctrl】+【G】

取消组合【Ctrl】+【Shift】+【G】

打散分离对象【Ctrl】+【B】

分散到图层【Ctrl】+【Shift】+【D】

字体样式设置为正常【Ctrl】+【Shift】+【P】

字体样式设置为粗体【Ctrl】+【Shift】+【B】

字体样式设置为斜体【Ctrl】+【Shift】+【I】

文本左对齐【Ctrl】+【Shift】+【L】

文本居中对齐【Ctrl】+【Shift】+【C】

文本右对齐【Ctrl】+【Shift】+【R】

文本两端对齐【Ctrl】+【Shift】+【J】

增加文本间距【Ctrl】+【Alt】+【→】

减小文本间距【Ctrl】+【Alt】+【←】

重置文本间距【Ctrl】+【Alt】+【↑】

播放停止动画【Enter】

后退【Ctrl】+【Alt】+【R】

单步向前【>】

单步向后【<】

测试影片【Ctrl】+【回车】

调试影片【Ctrl】+【Shift】+【回车】

测试场景【Ctrl】+【Alt】+【回车】

启用简单按钮【Ctrl】+【Alt】+【B】

新建窗口【Ctrl】+【Alt】+【N】

显示隐藏工具面板【Ctrl】+【F2】

显示隐藏时间轴【Ctrl】+【Alt】+【T】

显示隐藏属性面板【Ctrl】+【F3】

显示隐藏解答面板【Ctrl】+【F1】

显示隐藏对齐面板【Ctrl】+【K】

显示隐藏混色器面板【Shift】+【F9】

显示隐藏颜色样本面板【Ctrl】+【F9】

显示隐藏信息面板【Ctrl】+【I】

显示隐藏场景面板【Shift】+【F2】

显示隐藏变形面板【Ctrl】+【T】

显示隐藏动作面板【F9】

显示隐藏调试器面板【Shift】+【F4】

显示隐藏影版浏览器【Alt】+【F3】

显示隐藏脚本参考【Shift】+【F1】

显示隐藏输出面板【F2】

显示隐藏辅助功能面板【Alt】+【F2】

显示隐藏组件面板【Ctrl】+【F7】

显示隐藏组件参数面板【Alt】+【F7】

显示隐藏库面板【F11】

后记 >>

Flash是美国Macromedia公司出品的矢量图形编辑和动画创作软件，由于其采用了矢量作图技术，因此生成的动画文件较小，而且文件质量不会因为放大缩小而有所损失，所以作为Internet上最流行的动画制作软件已经被广泛使用。

目前，我国各类高等院校和中高级职业院校的设计类专业都开设了Flash课程，学生对Flash学习热情高涨。在职业院校中，对Flash主要以技能实训学习为主，培养学生对软件的实际操作能力，强调在实践中学习软件。因此，该书的编写以此为指导思想，融入实例进行讲解，有助于学生快速的入门和掌握该软件。

在该书的编写过程中，各位参编教师都付出了辛勤劳动，同时得到了成都软件技术专修学院的支持，部分作品选用了设计专业的教学案例，在此，一并表示感谢。

向玫玫　林　强
2009年9月